MILTON FRIEDMAN

# CAPITALISMO E LIBERDADE

# MILTON FRIEDMAN

# CAPITALISMO E LIBERDADE

COM APRESENTAÇÃO DE
*Binyamin Appelbaum*

Tradução de Ligia Filgueiras

A JANET E DAVID

E SEUS CONTEMPORÂNEOS

QUE DEVEM CARREGAR A TOCHA DA

LIBERDADE NA PRÓXIMA VOLTA

*Capitalism and Freedom*
Licenciado pela University of Chicago Press, Chicago, Illinois, EUA.
Copyright © 1962, 1982, 2002, 2020 *by* The University of Chicago.
Todos os direitos reservados.

TÍTULO ORIGINAL
Capitalism and Freedom

PREPARAÇÃO
Mariana Moura

REVISÃO TÉCNICA
João Henrique dos Santos

REVISÃO
Clarice Goulart
Rayssa Galvão

DESIGN DE CAPA
Linley A. Emard

DIAGRAMAÇÃO
Victor Gerhardt | CALLIOPE

CIP-BRASIL. CATALOGAÇÃO NA PUBLICAÇÃO
SINDICATO NACIONAL DOS EDITORES DE LIVROS, RJ

F946c

    Friedman, Milton, 1912-2006.
       Capitalismo e liberdade / Milton Friedman ; tradução Ligia Filgueiras. - 1. ed.
-Rio de Janeiro : Intrínseca, 2023.
     320 p.

     Tradução de: Capitalism and Freedom
     ISBN 978-65-5560-392-7

      1. Capitalismo. 2. Estado. 3. Liberdade. 4. Política econômica - Estados Unidos.
I. Filgueiras, Ligia. II. Título.

22-80823

CDD: 330.122
CDU: 338.1(73)

Gabriela Faray Ferreira Lopes - Bibliotecária - CRB-7/6643

[2023]
*Todos os direitos desta edição reservados à*
editora intrínseca ltda.
Rua Marquês de São Vicente, 99, 6º andar
22451-041 – Gávea
Rio de Janeiro – RJ
Tel./Fax: (21) 3206-7400
www.intrinseca.com.br

# SUMÁRIO

*Apresentação de Binyamin Appelbaum* 7

*Prefácio, 2002* 22

*Prefácio, 1982* 27

*Prefácio, 1962* 33

Introdução 39

**1** A relação entre liberdade
econômica e liberdade política 47

**2** O papel do governo
em uma sociedade livre 68

**3** O controle
da moeda 88

**4** Acordos financeiros
e comerciais internacionais 113

**5** Política
fiscal 139

**6** O papel do governo
na educação 153

**7** Capitalismo
e discriminação 185

**8** Monopólio e responsabilidade
social da empresa e do trabalhador 200

**9** Permissão para
o exercício da profissão 224

**10** A distribuição
de renda 257

**11** Medidas para
o bem-estar social 279

**12** A redução
da pobreza 297

**13** Conclusão 305

*Índice* 314

# APRESENTAÇÃO
## BINYAMIN APPELBAUM

Milton Friedman foi um brilhante economista acadêmico. Suas contribuições foram coroadas com um prêmio Nobel, mas nos livros de história ele é descrito como um intelectual de notoriedade pública. Um dos ideólogos mais influentes do século XX, ele era um defensor determinado, implacável e eficaz do capitalismo de livre mercado, e o mundo foi remodelado por suas ideias.

Publicado pela primeira vez em 1962, *Capitalismo e liberdade* é o manifesto de Friedman, uma declaração de fé nos mercados. O livro costuma ser muito corretamente descrito como um dos mais importantes do período pós-guerra. A mensagem de Friedman é a de que o capitalismo não é apenas uma máquina de prosperidade, mas proporciona às pessoas a liberdade econômica que, para o autor, era subestimada nos debates da época: em uma economia de mercado, as pessoas têm a liberdade de ganhar dinheiro como quiserem e gastá-lo como quiserem. E nem mesmo isso dá a medida plena dos benefícios do capitalismo. Nas palavras de Friedman, uma economia de mercado é "condição essencial para a liberdade política".

Após mais de meio século, é difícil reconstituir o aspecto radical desse argumento. Na época do lançamento do livro, o próprio termo *capitalismo* havia caído em descrédito, de certa forma; apareceu com menos frequência em livros publicados na década de 1950 do que em qualquer outra década do período pós-guerra; quando aparecia, em geral, era com sentido pejorativo. A visão predominante nos Estados Unidos, e mais ainda na Europa, era a de que a preservação da liberdade política exigia limites significativos para a liberdade econômica, inclusive a regulamentação estrita dos mercados e a redistribuição da produção econômica. Na década de 1960, nos governos de Kennedy e Johnson, os defensores de um controle atuante sobre as condições econômicas atingiram o apogeu de sua influência. Por vezes, a política econômica praticada pelo governo federal parecia exatamente o oposto do que quer que Friedman dissesse.

Essa crença predominante no governo nasceu dos traumas da Grande Depressão e da Segunda Guerra Mundial e também dos avanços científicos, como os antibióticos e a energia atômica, que inspiraram confiança na capacidade da humanidade de controlar suas circunstâncias. Friedman foi formado pelas mesmas experiências, mas chegou a conclusões muito diferentes. Ele nasceu no Brooklyn, no dia 31 de julho de 1912, filho de imigrantes judeus da Europa oriental; logo após seu nascimento, a família se mudou para Rahway, em Nova Jersey, onde os pais de Milton levavam uma vida modesta como pequenos lojistas. Ele entrou para a Universidade de Rutgers em 1928, aos dezesseis anos, com a intenção de estudar matemática e trabalhar como atuário. No entanto, começou a se interessar por economia, e um de seus professores o ajudou a conquistar uma vaga cobiçada no programa de pós-graduação em economia da Universidade de Chicago. Lá, em uma das primeiras aulas, Milton sentou-se ao lado de Rose Director, que se tornaria sua esposa e colaboradora. Em 1935, sem dinheiro, o casal se mudou para Washington, DC, onde Milton passou a maior parte da década seguinte trabalhando para o governo federal.

Nesse período em Washington, Friedman contribuiu para formular o sistema moderno de retenção de impostos, direto dos contracheques — ironicamente, uma ferramenta fundamental para o financiamento do *welfare state*, o estado de bem-estar social. Nessa época, ele também começou a articular uma crítica ao crescimento do papel do governo na economia. Argumentava que o mundo era de uma complexidade quase mística, que o futuro era imprevisível, e que as políticas voltadas para a melhoria das condições humanas geralmente só pioravam as coisas. Os formuladores de políticas públicas trabalhavam no escuro, e a melhor política era fazer muito pouco e devagar — uma receita que Friedman propôs diversas vezes ao longo de sua extensa carreira.

Essa visão de mundo era reforçada por uma ideia romântica do passado. Friedman com frequência colocava as desventuras dos formuladores de políticas públicas bem-intencionados em contraste com uma época anterior, idealizada, na qual o governo era retraído, e as pessoas podiam cuidar de si, prosperando até o máximo de suas capacidades.

Também tinha por base a experiência como judeu, minoria na época sujeita a uma discriminação significativa.

No início de sua carreira, ele não conseguiu um cargo com estabilidade na Universidade de Wisconsin em parte por antissemitismo de alguns membros da faculdade de economia. O remédio de Friedman para a discriminação era muito diferente dos antídotos em geral adotados por seus contemporâneos. Os movimentos pelos direitos civis do século XX caracterizavam-se pela busca da proteção do governo; Friedman argumentava que as minorias deveriam depositar sua confiança nos mercados. "É um fato histórico notável", escreveu, "que o desenvolvimento do capitalismo esteja relacionado a uma grande redução na desvantagem de determinados grupos religiosos, raciais ou sociais para exercerem suas atividades econômicas; eles costumavam ser, como se diz, mais discriminados." Friedman argumentava que, em um livre mercado, a discriminação é proibitivamente cara — tão cara que não haveria necessidade de proibi-la. As forças do mercado neutralizariam o problema.

Nas décadas de 1940 e 1950, a atuação de Friedman na defesa da confiança nos mercados e da retração do governo restringia-se, basicamente, a seu trabalho acadêmico. Suas contribuições mais importantes, entre as quais estão uma teoria do impacto das variações da renda no comportamento do consumidor e uma história da política monetária dos Estados Unidos, conferiram peso intelectual à argumentação contra o controle ativo sobre as condições econômicas. Mas apenas esporadicamente Friedman se dirigia a um público mais amplo. Em 1946, em um panfleto, se posicionou contra o tabelamento dos aluguéis: *Roofs or Ceilings? The Current Housing Crisis* [Telhados ou tetos? A crise imobiliária atual], em coautoria com seu amigo e colega economista George Stigler. No início dos anos 1960, Friedman era um acadêmico proeminente e respeitado com um perfil público correspondente. Ele se apresentava em programas de rádio de interesse social e prestava depoimentos no Congresso sobre assuntos técnicos. Em 1961, a revista *Time* o descreveu como "o economista conservador mais brilhante" dos Estados Unidos. Mas, às vésperas da publicação de *Capitalismo e liberdade*, ainda havia funcionários da Reserva Federal[1] que insistiam, sem o menor pudor, em desconhecer o trabalho de Friedman.

———————

*Capitalismo e liberdade* começa com um ataque ao discurso inaugural do presidente John F. Kennedy, realizado um ano antes, em especial à declaração mais citada de Kennedy, até hoje uma das mais famosas da oratória presidencial: "Não pergunte o que seu país pode fazer por você; pergunte o que você pode fazer pelo seu país." Para Friedman, o apelo de Kennedy sintetizava tudo o que dera errado com o país. "Nenhuma das metades da declaração expressa uma relação entre cidadão e governo digna dos ideais de homens livres em uma sociedade livre", escreve Friedman. Ele acusa o presidente de insinuar uma relação paternalista entre o governo e o povo americano. O governo, segundo Friedman, é uma ferramenta para que as pessoas alcancem coletivamente objetivos comuns — e deve ser usado com moderação. "O governo é necessário para preservar nossa liberdade, é um instrumento por meio do qual podemos exercê-la; no entanto, concentrar

———————

1 *Federal Reserve System*, o Banco Central dos Estados Unidos, também referido como "Fed". [N.T.]

poder nas mãos de políticos é também uma ameaça à liberdade." Na visão de Friedman, a confiança nos mercados é, sempre que possível, o melhor caminho para aumentar a prosperidade, reduzir as desigualdades de oportunidades e, por restringir as questões que precisam ser acordadas entre as pessoas, fortalecer a democracia.

O que vem a seguir é uma investigação lúcida e sistemática sobre quão pequeno o governo pode ser. Não há a presunção de que um governo reduzido é sempre melhor. O que há são análises e avaliações. O leitor acompanha Friedman até suas conclusões, e, mesmo quando o destino parece claro, o efeito pode ser um tanto dramático. Será que ele vai mesmo propor o fim da autorização para o exercício da medicina? O fim da Previdência Social? Da isenção fiscal para contribuições filantrópicas? (Sim, sim e sim.)

O poder que o livro tem de resistir ao tempo é mérito em grande parte de Rose Director Friedman. Ela reuniu partes da obra anterior de Milton e criou o livro. Ele fez um agradecimento a ela no livro, mas anos depois reconheceu que deveria ter dado créditos de coautora a ela. O capítulo sobre educação veio de um artigo de 1955; o capítulo de abertura, de uma palestra em Princeton, em 1956. A maior fonte de material foram palestras de Friedman na Wabash College, na região oeste de Indiana, em junho de 1956, como palestrante principal de um acampamento de verão para jovens professores de economia. Algumas partes são longas e detalhadas; outras são basicamente listas. Ainda assim, as anotações pessoais acabam formando uma elegante argumentação em prol do ceticismo quanto aos efeitos benéficos de políticas governamentais bem-intencionadas. "Por que será que, em vista de todo o histórico, o ônus da prova ainda parece recair sobre nós, que nos opomos a novos programas de governo?", indaga Friedman em tom de lamento na conclusão do livro.

Friedman define como "liberal" o seu ceticismo em relação ao governo. Sempre combativo, não estava disposto a ceder o termo a seus opositores ideológicos. No início do livro, ele se declara partidário do liberalismo "em seu sentido original — como as doutrinas próprias de um homem livre". Ele reconhece que a bandeira do liberalismo foi reivindicada pelos que defendiam "as mesmas políticas de intervenção estatal e paternalismo contra as quais o liberalismo clássico lutava". Mas não se via como um conservador, rótulo frequentemente atribuído a ele por aliados e opositores. Afinal, não estava defendendo uma mudança radical?

Ele era um tremendo defensor de suas ideias: carismático, entusiasmado e rápido na resposta. Dizia-se que era melhor debater com Friedman depois que ele ia embora. Ele também era muito sóbrio com relação ao melhor modo de influenciar a política: a oportunidade vinha na hora da crise. O segredo, escreveu, era manter as ideias "vivas e disponíveis até que o politicamente impossível se torne politicamente inevitável".

Já em 1951, Friedman previu que a oportunidade havia chegado: o público, pensava, estava perdendo a paciência com governos inflados. "O cenário para que uma nova corrente de opinião substitua a antiga está montado", escreveu. Era uma previsão excessivamente otimista. Mesmo em 1962, o público ainda não estava preparado para Milton Friedman.

---

A publicação de *Capitalismo e liberdade* marcou o início da transição de Milton Friedman da academia para a arena pública. Mas o livro *não atingiu* de imediato a grande audiência popular que Friedman almejava. Jornais convencionais, como o *The New York Times,* não publicavam resenhas, embora Friedman se queixasse, com alguma razão, de que costumavam comentar livros econômicos liberais de professores de relevância similar.

Ainda assim, o livro e suas ideias se infiltravam pouco a pouco na corrente em voga.

O senador Barry Goldwater, do Arizona, indicado à Presidência pelo Partido Republicano em 1964, era um fã de carteirinha de Friedman e o recrutou como consultor. O economista contribuiu para os discursos do candidato e publicou um ensaio na *The New York Times Magazine* intitulado "A visão de Goldwater sobre economia", que basicamente apresentava a visão de Friedman. Goldwater foi derrotado por Johnson, mas outros políticos conservadores acharam promissora a mensagem sobre economia. Em 1966, quando Ronald Reagan concorreu ao governo da Califórnia, um dos seus auxiliares percebeu que o candidato levava uma cópia de *Capitalismo e liberdade.* As ideias de Friedman repercutiram em Reagan, que passou a consultar o economista com regularidade. Em 1976, em pronunciamento no rádio, Reagan recomendou fortemente aos formuladores de políticas públicas em Washington, DC, que prestassem atenção às ideias de Friedman. Cinco anos depois, ele mesmo foi para Washington.

Stephen Herbits leu o livro quando era estudante de economia na Universidade de Tufts, no início dos anos 1960. A obra despertou seu interesse por política. Ele ficou particularmente impressionado com o apelo de Friedman para que o governo acabasse com o serviço militar obrigatório e formasse o efetivo militar pagando "o preço para atrair o número necessário de homens". O Congresso havia autorizado o recrutamento permanente depois da Segunda Guerra Mundial, e os Estados Unidos exigiam anualmente que dezenas de milhares de jovens se alistassem. Friedman argumentava que o alistamento era imoral e ineficiente: cerceava a liberdade dos jovens e os impedia de fazer o melhor uso de suas vidas. O melhor é pagar aos soldados o preço de mercado e deixar o sargento Elvis Presley concentrar-se em cantar. Herbits foi trabalhar no Congresso americano após a formatura e tornou-se defensor do fim do serviço militar obrigatório, tendo escrito, em 1967, em nome de uma série de congressistas republicanos liberais, um livro com o título *How to End the Draft: The Case for an All-Volunteer Army* [Como acabar com o serviço militar obrigatório: por um Exército só de voluntários]. Também Friedman tinha continuado a defender o fim do recrutamento, e Nixon aproveitou a ideia para sua campanha presidencial em 1968. Eleito, Nixon nomeou tanto Friedman quanto Herbits para uma comissão presidencial que recomendou a devida mudança para o serviço militar voluntário. A obrigatoriedade do serviço militar terminou em 1973; Friedman disse que esse feito estava entre as realizações de que mais se orgulhava. "Nenhuma atividade de política pública em que já me envolvi me deu tanta satisfação", escreveu mais tarde.

Henry Manne também leu *Capitalismo e liberdade*. Manne, professor de direito formado pela Universidade de Chicago, começou a ensinar economia de livre mercado ao judiciário federal em meados da década de 1970, convidando juízes para seminários gratuitos no Sul da Flórida, onde assistiam a palestras de economistas como Friedman. Em 1990, Manne já conseguira reeducar plenamente 40%

de todos os juízes federais em exercício, e cada participante recebia uma cópia do livro.

A obra de Friedman alcançou também públicos estrangeiros. "Aprendemos com a sabedoria de Friedman", disse Margaret Thatcher, em um discurso de 1992, refletindo sobre seus anos como primeira-ministra da Inglaterra. Václav Klaus, o segundo presidente da República Tcheca depois da queda da União Soviética, disse que, sob o regime comunista, a obra de Friedman — introduzida clandestinamente na Tchecoslováquia e em outros países comunistas, quase sempre em traduções não autorizadas — havia sido um farol no escuro. "Por causa dele", disse Klaus, "tornei-me um verdadeiro adepto da economia de mercado sem restrições." No Chile, economistas defensores da economia de mercado, formados pela Universidade de Chicago, convenceram o ditador militar Augusto Pinochet a adotar políticas pró-mercado. Um deles, José Piñera, que privatizou o sistema de previdência social do Chile, disse que tirou a ideia do livro *Capitalismo e liberdade*.

Aos poucos, o livro acabou se tornando um best-seller também. Os royalties pagaram a construção da casa de verão dos Friedman em Vermont, que, em homenagem, recebeu o nome de "Capitaf". E o sucesso do livro contribuiu para lançar o economista em uma segunda carreira, como intelectual de notoriedade pública. Ele se tornou colunista da revista *Newsweek*, um rosto conhecido em programas de televisão e um visitante frequente da Casa Branca durante os governos republicanos de Richard Nixon, Gerald Ford e Ronald Reagan. Em 1980, apresentou, na rede de televisão PBS, a série *Free to Choose* [Liberdade para escolher], de dez capítulos, expondo com mais detalhes sua visão econômica e política. Daniel

Patrick Moynihan dizia que ele era "o pensador político-social mais criativo de nossa época".

_____

Friedman viveu até 2006, tempo suficiente para ver muitas de suas ideias radicais se tornarem convencionais. Mas, mesmo em seus últimos anos, ele rebatia os que comemoravam suas vitórias, enfatizando que, na verdade, muita coisa permanecia inalterada. "Tenho uma lista longa de coisas que o governo não deveria estar fazendo", disse em uma entrevista de 2006 ao economista Russ Roberts. "A única que se consolidou de fato foi a proposta de um exército de voluntários."

Isso era verdade, até certo ponto, mas as coisas já pareciam muito diferentes se olhadas pelo espelho retrovisor.

A política econômica nos Estados Unidos e em todo o mundo mudou drasticamente na direção das prescrições de Friedman desde a publicação, em 1962, de *Capitalismo e liberdade*. As vitórias podem estar incompletas, mas as mudanças ainda são impressionantes. As ideias de Friedman, por exemplo, remodelaram profundamente a forma como os governos regulam as condições econômicas e respondem às crises, colocando os bancos centrais no papel principal. Friedman notavelmente argumentou que a Reserva Federal causou a Grande Depressão, transformando uma recessão comum naquela desaceleração histórica por não conseguir injetar dinheiro suficiente na economia. Na comemoração do nonagésimo aniversário de Friedman em 2002 — também o quadragésimo aniversário da publicação de *Capitalismo e liberdade* —, Ben S. Bernanke, então membro do Conselho de Governadores do Fed, disse a Friedman e à sua frequente coautora Anna

Schwartz: "Quanto à Grande Depressão, você está certo. Nós a causamos. Sentimos muito. Mas, graças a você, não faremos isso de novo." Poucos anos depois, Bernanke tornou-se presidente do banco e, durante a crise financeira de 2007 a 2009, cumpriu sua promessa a Friedman, inundando o sistema bancário com financiamentos para recuperar a economia.

Nem todas as ideias vingaram. Algumas, como a proposta de que os parques nacionais fossem administrados por empresas privadas, nunca encontraram apoio significativo. Outras ideias permanecem objeto de intenso debate, entre as quais a defesa dos *school vouchers* e da privatização da Previdência Social. Mas muitas das ideias esboçadas nas páginas de *Capitalismo e liberdade* tornaram-se tão convencionais que hoje seus críticos parecem radicais. Friedman defendeu que os países abandonassem um acordo internacional que fixava os valores relativos das moedas nacionais e adotassem taxas de câmbio flutuantes, e conseguiu. Defendeu que as universidades públicas cobrassem mais, que o governo parasse de construir habitações populares e que as alíquotas do imposto de renda fossem drasticamente reduzidas. Ele defendeu o imposto de renda negativo para auxiliar famílias de baixa renda — uma ideia que se transformou no Crédito Fiscal por Remuneração Recebida (EITC, na sigla em inglês). "Ele foi a personalidade contemporânea que mais influenciou a política econômica praticada hoje em todo o mundo", escreveu Larry Summers, economista de Harvard e conselheiro de presidentes do Partido Democrata, após a morte de Friedman em 2006.

Em um curto prefácio à edição do quadragésimo aniversário de *Capitalismo e liberdade*, publicada em 2002, Friedman escreveu que vinha reconsiderando sua afirmação fundamental de que capitalismo e liberdade eram simbióticos. Ele ainda pensava que capitalismo era uma precondição necessária para a liberdade política. De fato, pesquisando a ascensão das nações em desenvolvimento, Friedman escreveu: "Em todos esses casos, em conformidade com o tema deste livro, ao aumento da liberdade econômica seguiu-se um aumento da liberdade política e civil que levou ao aumento da prosperidade; capitalismo competitivo e liberdade são inseparáveis." Mas, continuou Friedman, ele já não tinha mais certeza de que a liberdade política era necessária para assegurar a liberdade econômica. Em algumas circunstâncias, escreveu, a liberdade política "inibe a liberdade econômica e civil".

Esse foi um recuo surpreendente. Friedman, que havia convencido tantas pessoas de que a economia de mercado era necessária para assegurar outros tipos de liberdade, sugeriu então que as pessoas precisavam aceitar restrições a essas outras liberdades. Ele traçou uma linha entre o que chamava de liberdades cívicas, que considerava serem seguras, e liberdades políticas, que considerava serem potencialmente perigosas. Apesar de não ter detalhado a definição de liberdade cívica e liberdade política, seu significado pode ser deduzido do trabalho de alguns de seus aliados intelectuais, que havia muito argumentavam que as sociedades deveriam limitar a liberdade política para proteger a liberdade econômica, sobretudo os direitos de propriedade. Em outras palavras, o tipo de liberdade que Friedman considerava perigosa era a liberdade de regular os mercados ou redistribuir a propriedade. Os controles de capital — limites à livre movimentação de moeda através das fronteiras internacionais — *são um excelente exemplo*. Em *Capitalismo e liberdade*, Friedman definiu tais controles como uma violação básica da liberdade econômica, mas não propôs que se impedissem os governos de impor tais controles. Nos anos seguintes, entretanto, outros proponentes da economia de mercado defenderam, com sucesso, restrições internacionais à soberania — por exemplo, exigindo que democracias desenvolvidas eliminassem os controles de capital como condição para se tornarem membros da Organização para a Cooperação e Desenvolvimento Econômico (OCDE).

Com o passar do tempo, aprendemos que a adoção da economia de mercado restringe também outras liberdades de forma mais direta. Limitar a redistribuição da produção econômica é contribuir para a concentração dos ganhos econômicos em um número muito pequeno de mãos. A economia americana está maior do que nunca, mas milhões de americanos não estão livres da miséria. Muitos carecem de moradia e acesso à saúde — e de oportunidades. Os que nasceram em bairros pobres têm menos chances de ter êxito do que antes, em parte porque o legado da discriminação do passado está embutido na distribuição da riqueza e na geografia das oportunidades. Essas desigualdades prejudicam o sentido de objetivo comum, necessário para sustentar uma democracia operante. Está ficando mais difícil falar em "nós, o povo" porque "nós" temos cada vez menos coisas em comum.

A afirmação de Friedman de que "o uso generalizado do mercado reduz a pressão sobre o tecido social" também apreendeu mal a natureza da sociedade, que é mais como um músculo do que como um tecido. As redes sociais são fortalecidas pelo uso. A característica definidora de uma sociedade é a responsabilidade coletiva, enquanto a característica definidora de um mercado é a capacidade de escapar.

A única conclusão viável é a de que a relação entre capitalismo e liberdade é complexa, que ambos devem ser avaliados separadamente e que um equilíbrio entre seus imperativos concorrentes deve ser alcançado. Considerando-se que as gerações seguintes enfrentam mais uma vez esse desafio, o livro de Friedman mantém uma relevância além de seu lugar indelével na história intelectual e política do século XX. *Capitalismo e liberdade* fornece um relato excepcionalmente claro das escolhas entre opções antagônicas. É uma lente esclarecedora — talvez sobretudo para aqueles que buscam chegar a conclusões diferentes.

# PREFÁCIO
## 2002

No prefácio à edição de 1982 de *Capitalismo e liberdade*, documentei uma mudança dramática no ambiente de ideias, manifestada na diferença entre o modo com que este livro foi tratado em sua primeira publicação, em 1962, e como foi recebido o livro subsequente, *Liberdade para escolher*, meu e de minha esposa, publicado em 1980, que apresentava a mesma filosofia. Essa mudança no ambiente de ideias transcorreu em parte por conta da intensificação do papel do governo por influência das novas visões keynesianas de Estado assistencialista. Em 1956, quando ministrei as palestras que minha esposa ajudou a compilar neste livro, as despesas governamentais nos Estados Unidos — federais, estaduais e locais — equivaliam a 26% da renda nacional; a maior parte com a defesa. As demais despesas equivaliam a 12% da renda nacional. Vinte e cinco anos depois, quando foi publicada a edição de 1982 deste livro, o total de despesas havia subido para 39% da renda nacional, e as demais despesas tinham mais que duplicado, chegando a 31% da renda nacional.

Aquela mudança no ambiente de ideias teve seu efeito. Pavimentou o caminho para a eleição de Margaret Thatcher na Inglaterra e de Ronald Reagan nos Estados Unidos. Eles foram capazes de conter o Leviatã, mas não de eliminá-lo. As despesas governamentais diminuíram ligeiramente nos Estados Unidos, de 39% da renda nacional em 1982 para 36% em 2000, mas quase tudo se deveu à redução dos gastos com a defesa. As demais despesas oscilaram em torno de um nível quase sempre constante: 31% em 1982, 30% em 2000.

O ambiente de ideias recebeu outro impulso na mesma direção com a queda do muro de Berlim, em 1989, e o colapso da União Soviética em 1992. Isso conduziu ao fim dramático de um experimento de setenta anos entre dois caminhos alternativos de organização econômica: de cima para baixo versus de baixo para cima; planejamento e controle centralizados versus mercados privados; de um modo mais coloquial, socialismo versus capitalismo. O resultado desse experimento havia sido prenunciado por uma série de experimentos semelhantes em menor escala: Hong Kong e Taiwan versus China continental; Alemanha Ocidental versus Alemanha Oriental; Coreia do Sul versus Coreia do Norte. Mas foram necessários o drama do Muro de Berlim e o colapso da União Soviética para torná-lo parte do saber convencional, de modo que hoje já nem se discute que o planejamento central é, de fato, *O caminho da servidão*, como Friedrich A. Hayek intitulou sua obra brilhante e polêmica de 1944.

O que vale para os Estados Unidos e para a Grã-Bretanha também vale para os outros países ocidentais desenvolvidos. Em cada um, as décadas iniciais do pós-guerra testemunharam um florescimento do socialismo, ao qual seguiu-se um socialismo insidioso ou estagnado. Em todos esses países, a pressão hoje é no sentido de aumentar o papel dos mercados e diminuir o do governo. Interpreto a situação como um reflexo da longa defasagem entre opinião e prática. A rápida socialização das décadas posteriores à Segunda Guerra Mundial refletiu a mudança de opinião, anterior à guerra, em direção ao coletivismo; o socialismo insidioso ou estagnado das últimas décadas reflete os primeiros efeitos da mudança de opinião do pós-guerra; a dessocialização futura refletirá os efeitos maduros da mudança de opinião reforçada pelo colapso da União Soviética.

Essa mudança de opinião teve efeitos ainda mais impactantes no outrora mundo subdesenvolvido. Isso aconteceu até na China, o maior país ainda explicitamente comunista. As reformas de mercado de Deng Xiaoping, no fim dos anos 1970, na realidade privatizaram a agricultura, aumentaram drasticamente a produção e levaram à introdução de outros aspectos da economia de mercado em uma sociedade de comando comunista. O aumento limitado da liberdade econômica mudou a face da China, uma validação impressionante de nossa confiança no poder da economia de mercado. A China ainda está muito longe de ser uma sociedade livre, mas não há dúvida de que seus habitantes são mais livres e prósperos do que eram sob o governo de Mao — mais livres em todas as dimensões, exceto na política. E já começaram a surgir, inclusive, os primeiros pequenos sinais de aumento da liberdade política, manifestado na eleição de funcionários públicos em um número crescente de aldeias. A China tem um longo caminho a percorrer, mas está avançando na direção certa.

No período imediatamente posterior à Segunda Guerra Mundial, a doutrina-padrão era a de que o desenvolvimento do terceiro mundo requeria planejamento central e ajuda externa maciça. A fórmula fracassou em todas as tentativas, como tanto alertaram Peter Bauer e outros. O fracasso, somado ao sucesso impressionante das políticas orientadas para a economia de mercado dos tigres do Leste Asiático — Hong Kong, Cingapura, Taiwan, Coreia do Sul —, levou à concepção de uma doutrina muito diferente sobre desenvolvimento. Hoje em dia, muitos países da América Latina e da Ásia, e mesmo alguns da África, adotaram uma abordagem orientada para o mercado e um papel menor para o governo. Muitos dos ex-satélites soviéticos fizeram o mesmo. Em todos esses casos, em conformidade com o tema deste livro, ao aumento da liberdade econômica seguiu-se um aumento da liberdade política e civil que levou ao aumento da prosperidade; capitalismo competitivo e liberdade são inseparáveis.

Uma última observação pessoal: é um privilégio raro para um autor avaliar sua própria obra quarenta anos depois da primeira publicação. Fico muito feliz pela oportunidade. Estou enormemente grato por constatar como o livro resistiu bem ao tempo e como continua pertinente aos problemas de hoje. Talvez, se eu pudesse fazer uma única mudança relevante, seria substituir a dicotomia entre liberdade econômica e liberdade política pela tricotomia entre liberdade econômica, liberdade civil e liberdade política. Depois que terminei o livro, o exemplo de Hong Kong, antes de ser devolvida à China, convenceu-me de que, enquanto a liberdade econômica é uma condição essencial para a liberdade civil e política, a liberdade política, por mais desejável que seja, não é condição para a liberdade econômica e civil. Nesse sentido, o principal defeito do livro me parece ser um tratamento inadequado do papel da liberdade política, que, em determinadas circunstâncias, promove a liberdade econômica e civil e, em outras, inibe a liberdade econômica e civil.

Milton Friedman
*Stanford, Califórnia*
*11 de março de 2002*

# PREFÁCIO
# 1982

As palestras que minha esposa ajudou a compilar para este livro foram ministradas há 25 anos. Se até para quem acompanhou aquela época é difícil reconstruir o ambiente intelectual de então, imagine para mais da metade da população atual, que tinha menos de dez anos ou nem havia nascido. Nós, que estávamos profundamente preocupados com o risco à liberdade e à prosperidade que ofereciam o crescimento do governo, o triunfo do Estado assistencialista e das ideias keynesianas, éramos uma pequena minoria sitiada, considerada excêntrica pela grande maioria de nossos colegas intelectuais.

Mesmo sete anos depois, quando este livro foi publicado pela primeira vez, essa visão estava tão longe da corrente dominante que não houve resenhas de nenhum grande jornal ou revista — nem do *The New York Times*, nem do *Herald Tribune* (ainda publicado em Nova York na época), nem do *Chicago Tribune*, nem da *Time*, nem da *Newsweek*, nem mesmo da *Saturday Review* —, apenas do *Economist* de Londres e dos principais jornais especializados. E isso para um livro dirigido ao público em geral, escrito por um professor de uma grande universidade americana e destinado a vender mais de 400 mil cópias nos 18 anos seguintes. É inconcebível imaginar que uma publicação como essa, se escrita por um economista de posição profissional equivalente e favorável ao Estado assistencialista ou ao socialismo ou ao comunismo, teria recebido o mesmo tratamento silencioso.

As profundas mudanças ocorridas no ambiente intelectual nos últimos 25 anos são atestadas pela recepção bem diferente do livro *Liberdade para escolher*, que escrevi com minha esposa. Descendente direto de *Capitalismo e liberdade*, a obra apresentava a mesma filosofia básica e foi publicada em 1980. *Liberdade para escolher* foi resenhado por todas as grandes publicações, com frequência em uma crítica longa e destacada. Além de republicado parcialmente na *Book Digest*, foi capa da revista. Depois de vender 400 mil exemplares de capa dura nos Estados Unidos logo no primeiro ano, foi traduzido para 12 idiomas e publicado no começo de 1981 em brochura para comercialização em massa.

A diferença na recepção dos dois livros não pode ser explicada, acreditamos, por uma diferença de qualidade. De fato, o livro inicial é mais filosófico e abstrato e, portanto, mais fundamental. *Liberdade para escolher*, como dissemos no prefácio, tem "uma abordagem mais prática, menos teórica". É um livro que complementa, não substitui, *Capitalismo e liberdade*. Em uma análise superficial, a diferença na recepção pode ser atribuída ao poder da televisão. *Liberdade para escolher* teve por base e propósito acompanhar nossa série de mesmo nome na PBS, e restam poucas dúvidas de que o sucesso da série de TV deu destaque ao livro.

Essa explicação é superficial, pois a existência e o sucesso do programa de TV em si já demonstram a mudança do ambiente intelectual. Nos anos 1960, nunca fomos chamados para fazer uma série como *Liberdade para escolher*. Um programa como esse teria poucos patrocinadores, se é que teria algum. Se, por acaso, esse tipo de programa tivesse sido produzido, não haveria uma audiência expressiva receptiva a seu ponto de vista. Não, a diferença na recepção do livro posterior e o sucesso da série de TV são consequências da mudança de mentalidade da época. As ideias de nossos dois livros ainda estão longe de fazerem parte da corrente intelectual predominante, mas hoje são respeitadas, ao menos, pela comunidade intelectual e, muito provavelmente, são quase convencionais para o grande público.

A mudança no ambiente de ideias não foi produzida por este livro nem por tantos outros, como *O caminho da servidão* e *Os fundamentos da liberdade*, de Hayek, da mesma tradição filosófica. Como prova disso, basta mostrar o convite a contribuições para o simpósio *Capitalismo, Socialismo e Democracia*, expedido pelos editores da revista *Commentary*, em 1978, que dizia: "A ideia de que possa haver uma conexão inescapável entre capitalismo e democracia começou recentemente a parecer plausível para um certo número de intelectuais que antes teriam considerado essa visão não apenas errada como até mesmo perigosa politicamente." Minha contribuição consistiu em uma citação extensa de *Capitalismo e liberdade*, uma menor de Adam Smith e, para encerrar, um convite: "Bem-vindos a bordo."[1] Mesmo em 1978, dos 25 participantes do simpósio

---

1   *Commentary*, abr. 1978, pp. 29-71.

além de mim, apenas nove expressaram pontos de vista que poderiam ser classificados como favoráveis à mensagem central de *Capitalismo e liberdade*.

A mudança no ambiente de ideias foi produzida pela experiência, não pela teoria ou pela filosofia. A Rússia e a China, antes as grandes esperanças das classes intelectuais, tinham claramente fracassado. A Inglaterra, cujo socialismo fabiano exerceu uma influência preponderante sobre os intelectuais americanos, estava em apuros. Já os intelectuais americanos, sempre devotos de um governo inchado e, em sua extensa maioria, apoiadores do Partido Democrata, haviam se desiludido com a Guerra do Vietnã, em especial com a atuação dos presidentes Kennedy e Johnson. Muitos dos programas de grandes reformas — as tais bandeiras do passado, como assistência social, habitação pública, apoio aos sindicatos, integração das escolas, auxílio federal à educação, ações afirmativas — estavam em frangalhos. Assim como aconteceu com o resto da população, seus bolsos foram atingidos pela inflação e pelos altos impostos. Esses fenômenos, e não a capacidade de persuasão das ideias expressas em livros que lidam com princípios, explicam a transição da derrota esmagadora de Barry Goldwater em 1964 para a vitória esmagadora de Ronald Reagan em 1980 — dois homens com essencialmente o mesmo programa e a mesma mensagem.

Qual é, então, o papel de livros como este? É um papel duplo, na minha opinião. Primeiro, proporcionar assunto para debates informais. Como escrevemos no Prefácio de *Liberdade para escolher*: "A única pessoa que pode realmente persuadir você é você mesmo. Você deve ter liberdade de revirar as questões em sua cabeça, considerar os muitos argumentos, deixá-los cozinhar em fogo brando e, depois de um bom tempo, transformar suas preferências em convicções."

Em segundo lugar, e mais importante, deixar as opções em aberto até que as circunstâncias gerem a necessidade de mudança. Há uma enorme inércia — uma tirania do *status quo* — em sistemas privados e especialmente governamentais. Apenas a crise — real ou percebida — produz uma mudança real. Quando essa crise ocorre, as ações tomadas dependem das ideias em curso. Esta é, acredito, nossa função básica: desenvolver alternativas para as políticas existentes, mantê-las vivas e disponíveis até que o politicamente impossível se torne politicamente inevitável.

Uma história pessoal talvez possa demonstrar meu argumento. Em certa ocasião, no fim dos anos 1960, participei de um debate na Universidade de Wisconsin com Leon Keyserling, um coletivista irredutível. Seu ataque mortal, assim ele pensava, era debochar dos meus pontos de vista e desqualificá-los como totalmente reacionários. Fez isso lendo, no final do capítulo 2 deste livro, a lista de itens que, eu dizia, "não se justificam, no meu entender, em termos dos princípios enunciados". Para o público de alunos, ele se saiu muito bem ao destrinchar minha crítica severa à sustentação de preços, tarifas etc., até chegar ao ponto 11, "Recrutamento para o serviço militar obrigatório em tempos de paz". Essa manifestação da minha oposição ao recrutamento militar provocou aplausos calorosos e o fez perder a audiência e o debate.

Por acaso, o recrutamento é o único item da minha lista de catorze atividades governamentais injustificadas que foi eliminado até hoje — e essa vitória não é de forma alguma definitiva. Quanto a vários outros itens, nos afastamos ainda mais dos princípios defendidos neste livro — o que, por um lado, explica a mudança da opinião pública e, por outro, é a prova de que essa mudança até agora teve poucos efeitos práticos. Prova também que o teor fundamental deste livro é tão pertinente em 1981 quanto foi em 1962, embora alguns exemplos e detalhes possam estar desatualizados.

# PREFÁCIO
## 1962

Este livro é um produto, há muito adiado, de uma série de palestras que ministrei em junho de 1956, em uma conferência na Wabash College dirigida por John Van Sickle e Benjamin Rogge e patrocinada pela Fundação Volker. Nos anos seguintes, ministrei palestras semelhantes em conferências da Volker dirigidas por Arthur Kemp, na Claremont College, por Clarence Philbrook, na Universidade da Carolina do Norte, e por Richard Leftwich, na Universidade Estadual de Oklahoma. Em cada ocasião, abordei todo o conteúdo dos dois primeiros capítulos deste livro, tratando dos princípios, e depois os apliquei a um conjunto variado de problemas especiais.

Sou grato aos diretores dessas conferências, não só por me convidarem para ministrar as palestras, mas ainda mais por suas críticas e comentários e por uma pressão amigável para escrevê-las de forma experimental; e a Richard Cornuelle, Kenneth Templeton e Ivan Bierly, da Fundação Volker, responsáveis pela organização das conferências. Também sou grato aos participantes que, com perguntas incisivas, profundo interesse nas questões e entusiasmo intelectual insaciável, me obrigaram a repensar muitos pontos e corrigir vários erros. Esta série de conferências se destaca por estar entre as experiências intelectuais mais estimulantes da minha vida. É óbvio que talvez não haja um único diretor ou um único participante das conferências que concorde com tudo que está escrito neste livro. Mas acredito que eles não relutarão em assumir parte da responsabilidade por essas ideias.

Devo a filosofia expressa neste livro e tanto de seus detalhes a muitos professores, colegas e amigos, acima de tudo a um notável grupo do qual tive o privilégio de fazer parte na Universidade de Chicago: Frank H. Knight, Henry C. Simons, Lloyd W. Mints, Aaron Director, Friedrich A. Hayek, George J. Stigler. Peço o perdão deles por não ter identificado especificamente as origens de muitas das ideias expressas neste livro. Aprendi muito com eles, e o aprendizado tornou-se grande parte do meu próprio pensamento, de modo que eu não saberia como selecionar pontos para notas de rodapé.

Não me atrevo a listar muitos outros a quem sou grato para não cometer alguma injustiça, omitindo seus nomes inadvertidamente. Mas não posso deixar de mencionar meus filhos, Janet e David, cuja disposição de não aceitar nada com base na confiança me forçou a expressar assuntos técnicos em linguagem simples, o que não só melhorou minha compreensão desses pontos, mas também, assim espero, minha exposição. Apresso-me a acrescentar que eles também aceitam apenas a responsabilidade pelos pontos de vista, não a identificação com as ideias.

Reaproveitei livremente materiais já publicados. O capítulo 1 é uma revisão de um artigo publicado anteriormente sob o título usado para este livro em Felix Morley (org.), *Essays on Individuality* [Ensaios sobre a individualidade] (University of Pennsylvania Press, 1958) e de outra forma sob o mesmo título na revista *The New Individualist Review* 1, n. 1 (abril, 1961). O capítulo 6 é uma revisão de um artigo com o mesmo título publicado inicialmente em Robert A. Solo (org.), *Economics and the Public Interest* [A economia e o interesse público] (Rutgers University Press, 1955). Trechos diversos de outros capítulos foram extraídos de vários artigos e livros meus.

O bordão "Não fosse por minha esposa, este livro não teria sido escrito" tornou-se lugar-comum em prefácios acadêmicos. Neste caso, é a verdade literal. Ela juntou trechos das várias conferências, aglutinou diferentes versões, traduziu palestras para algo mais próximo do inglês escrito e foi o tempo todo a força motriz que fez o livro acontecer. O reconhecimento na folha de rosto é insuficiente.

Minha secretária, Muriel A. Porter, tem sido um recurso eficiente e imprescindível em tempos de necessidade, e devo muito a ela. Muriel datilografou a maior parte do manuscrito, bem como parte dos rascunhos iniciais.

# CAPITALISMO
# E
# LIBERDADE

# INTRODUÇÃO

Em uma passagem muito citada de seu discurso de posse, o presidente Kennedy disse: "Não pergunte o que seu país pode fazer por você; pergunte o que você pode fazer por seu país." É um sinal marcante de nossos tempos que a controvérsia em torno dessa passagem esteja centrada na origem e não no conteúdo. Nenhuma das metades da declaração expressa uma relação entre cidadão e governo digna dos ideais de homens livres de uma sociedade livre. A declaração paternalista "o que seu país pode fazer por você" implica que o governo é o patrono, e o cidadão, o tutelado, uma visão em desacordo com a crença do homem livre responsável pelo próprio destino. O trecho organísmico "o que você pode fazer pelo seu país" implica que o governo é o mestre ou a divindade, e o cidadão é o servo ou o devoto. Para o homem livre, o país é o conjunto de indivíduos que o compõem, não algo acima deles. Mesmo orgulhoso da herança coletiva e leal às tradições compartilhadas, o homem livre vê o governo como um meio, um instrumento, não como um outorgante de favores e presentes, tampouco como um mestre ou deus a ser venerado e servido cegamente. O homem livre não reconhece nenhum objetivo nacional a não ser o consenso dos objetivos de cada cidadão individualmente. Não reconhece nenhum propósito nacional, exceto o consenso dos propósitos aos quais os cidadãos se dedicam individualmente.

O homem livre não pergunta o que seu país pode fazer por ele nem o que ele pode fazer por seu país. Pergunta, em vez disso: *o que eu e meus compatriotas podemos fazer por meio do governo* que nos ajude a nos desincumbir de nossas responsabilidades individuais, a alcançar nossos diversos objetivos e propósitos e, acima de tudo, a proteger nossa liberdade? E essa pergunta será acompanhada de outra: como evitar que o governo que criamos se torne um Frankenstein e destrua a própria liberdade cuja proteção motivou sua criação? A liberdade é uma planta rara e delicada. Nosso pensamento indica, e a história confirma, que a grande ameaça à liberdade é a concentração de poder. O governo é necessário para preservar nossa liberdade, é um instrumento por meio do qual podemos exercê-la; no entanto, concentrar poder nas mãos de políticos é também uma ameaça à liberdade. Ainda que os homens que exercem este poder possam ter boas intenções, e ainda que não sejam corrompidos pelo poder que exercem, o poder irá tanto atrair quanto formar homens de um naipe diferente.

Como podemos nos beneficiar do que se espera de um governo e ao mesmo tempo evitar a ameaça à liberdade? Dois princípios gerais contemplados pela nossa Constituição dão uma resposta que tem preservado nossa liberdade até hoje, embora na prática tenham sido violados diversas vezes, mesmo sendo proclamados como preceitos.

Primeiro, a esfera de atuação do governo deve ser limitada. Sua principal função deve ser a de proteger nossa liberdade tanto diante de inimigos do outro lado dos nossos portões quanto perante nossos concidadãos: preservar a lei e a ordem, assegurar o cumprimento de contratos, estimular mercados competitivos. Além dessa função primordial, o governo pode às vezes nos capacitar a realizar em conjunto o que seria mais difícil ou dispendioso individualmente. No entanto, esse uso do governo está repleto de perigos. Não devemos nem podemos evitar usar o governo dessa forma, mas, primeiro, deve haver uma ponderação clara e ampla das vantagens. Ao confiarmos primordialmente na cooperação voluntária e na iniciativa privada, tanto nas atividades econômicas quanto em outras atividades, podemos nos assegurar de que o setor privado seja um controle dos poderes do setor governamental e uma proteção efetiva da liberdade de expressão, de religião e de pensamento.

O segundo princípio geral é que o poder do governo deve ser disperso. Já que o governo deve exercer o poder, melhor que seja no condado do que no estado, melhor que seja no estado do que em Washington. Se eu não gosto do que minha comunidade faz, seja em relação ao tratamento de esgoto, ao zoneamento urbano ou às escolas, posso me mudar para outra comunidade, e, ainda que poucos possam tomar essa decisão, a mera possibilidade atua como controle. Se eu não gosto do que meu estado faz, posso me mudar para outro. Se eu não gosto do que Washington impõe, tenho poucas alternativas neste mundo de nações invejosas.

A própria dificuldade de evitar os decretos do governo federal é, naturalmente, a grande atração da centralização para muitos dos que a propõem. Acreditam que isso lhes garantirá mais eficácia para legislar sobre programas — na visão deles — de interesse público, seja a transferência de renda dos ricos para os pobres, seja a partir de propósitos privados para fins governamentais. De certa forma, estão certos. Mas essa moeda tem dois lados. O poder de fazer o bem é também o poder de fazer o mal; aqueles que controlam o poder hoje podem não o controlar mais amanhã; e, mais importante, o que um homem considera bom, outro pode considerar mau. A grande tragédia do ímpeto para a centralização, assim como para a ampliação do alcance geral do governo, é que ele é, em sua maior parte, conduzido por homens de boas intenções que serão os primeiros a lamentar suas consequências.

A preservação da liberdade é um motivo protetor que justifica limitar e descentralizar o poder governamental. Mas há também uma razão construtiva. Os grandes avanços da civilização, seja em arquitetura ou pintura, em ciência ou literatura, na indústria ou agricultura, nunca vieram de um governo centralizado. Colombo não se dispôs a buscar uma nova rota para a China em resposta à decisão majoritária de um parlamento, embora tenha sido parcialmente financiado por um monarca absoluto. Newton e Leibnitz; Einstein e Bohr; Shakespeare, Milton e Pasternak; Whitney, McCormick, Edison e Ford; Jane Addams, Florence Nightingale e Albert Schweitzer: nenhum deles abriu novas fronteiras no conhecimento e na capacidade de compreensão humanos, na literatura, em possibilidades técnicas ou no alívio da miséria humana em resposta a diretrizes do governo. Suas realizações foram produto da genialidade individual, de pontos de vista minoritários fortemente defendidos, de um ambiente social que abriu espaço para a variedade e a diversidade.

O governo jamais pode repetir a variedade e a diversidade da ação individual. Em dado momento, ao impor padrões uniformes de moradia, nutrição ou vestimenta, o governo poderia, sem dúvida, melhorar o padrão de vida de muitas pessoas; ao impor padrões uniformes de ensino, construção de estradas ou saneamento, o governo central poderia, sem dúvida, melhorar o nível de desempenho em muitas localidades e talvez até mesmo a média de todas as comunidades. Mas, no processo, o governo acabará substituindo o progresso pela estagnação e estabelecerá a mediocridade uniforme em lugar da variedade, essencial para a experimentação que pode levar os retardatários de amanhã a estarem acima da média de hoje.

Este livro discute algumas dessas questões fundamentais. Seu tema principal é o papel do capitalismo competitivo — a organização da atividade econômica pela iniciativa privada operando em livre mercado — como um sistema de liberdade econômica e uma condição necessária para a liberdade política. O tema secundário é o papel que o governo deve desempenhar em uma sociedade voltada para a liberdade e que depende primordialmente do mercado para organizar a atividade econômica.

Os dois primeiros capítulos tratam dessas questões de modo abstrato, em termos de princípios e não da aplicação prática. Os capítulos subsequentes aplicam tais princípios a uma variedade de problemas particulares.

Uma declaração abstrata pode até ser completa e exaustiva, embora este ideal nem de longe tenha sido alcançado nos próximos dois capítulos. A aplicação dos princípios não pode sequer ser exaustiva. A cada dia surgem novos problemas e novas circunstâncias. É por isso que o papel do Estado nunca pode ser estabelecido definitivamente em termos de funções específicas. É por essa razão também que precisamos, de tempos em tempos, reexaminar o significado do que esperamos que sejam princípios inalteráveis para os problemas do momento. Como consequência inevitável, ocorrem uma reavaliação dos princípios e um aprimoramento da compreensão que temos deles.

É bastante conveniente que haja um rótulo para a visão política e econômica elaborada neste livro. O rótulo correto e adequado é liberalismo. Infelizmente, "Como um elogio supremo, se não intencional, os inimigos do sistema da iniciativa privada acharam por bem se apropriar de seu rótulo",[1] de modo que o liberalismo, nos Estados Unidos, tem um significado diferente do que tinha no século XIX ou que tem hoje na maior parte do continente europeu.

À medida que se desenvolvia no fim do século XVIII e no início do século XIX, o recente movimento intelectual que se autodenominava liberalismo enfatizava a liberdade como objetivo final e o indivíduo como a entidade mais importante da sociedade. Apoiava o *laissez-faire* interno como meio de reduzir o papel do Estado em assuntos econômicos e, por consequência, ampliar o papel do indivíduo; apoiava o livre comércio exterior como um meio de estabelecer uma relação pacífica e democrática entre os povos. Em termos políticos, apoiava o desenvolvimento do governo representativo e de instituições parlamentares, a redução do poder arbitrário do Estado e a proteção das liberdades civis dos indivíduos.

Desde o fim do século XIX, e em especial depois de 1930 nos Estados Unidos, o termo *liberalismo* acabou ganhando uma conotação muito diferente, sobretudo quanto à política

---

1 SCHUMPETER, Joseph. *History of Economic Analysis* [História da análise econômica]. Nova York: Oxford University Press, 1954. p. 394.

econômica. Passou a ser associado a uma disposição à dependência principalmente do Estado, mais do que de acordos voluntários privados, em busca de objetivos considerados desejáveis. As palavras-chave passaram a ser bem-estar e igualdade, em vez de liberdade. O liberal do século XIX considerava que a ampliação da liberdade era o modo mais efetivo de promover o bem-estar e a igualdade; o liberal do século XX considera que o bem-estar e a igualdade são pré-requisitos ou alternativas para a liberdade. Em nome do bem-estar e da igualdade, o liberal do século XX acabou apoiando o renascimento das mesmas políticas de intervenção estatal e paternalismo contra as quais o liberalismo clássico lutava. No próprio ato de voltar o relógio para o mercantilismo setecentista, ele acaba acusando os verdadeiros liberais de reacionários!

A mudança do significado associado ao termo *liberalismo* é mais expressiva em questões econômicas do que políticas. O liberal do século XX, assim como o do século XIX, é a favor das instituições parlamentares, do governo representativo, dos direitos civis etc. Entretanto, mesmo em questões políticas há uma diferença notável. Zeloso da liberdade e, portanto, temeroso do poder centralizado, seja nas mãos do governo, seja em mãos privadas, o liberal do século XIX era a favor da descentralização política. Voltado para a ação e confiante na beneficência do poder, desde que nas mãos de um governo ostensivamente controlado pelo eleitorado, o liberal do século XX é a favor do governo centralizado. Se houver dúvida sobre onde deve estar o poder, preferirá sempre o estado em vez da cidade, o governo federal em vez do estado, e uma organização mundial em vez do governo nacional.

Em virtude da corrupção do termo *liberalismo*, os pontos de vista que antes se identificavam sob esse nome hoje costumam ser rotulados de conservadores. Mas essa alternativa não é satisfatória. O liberal do século XIX era um radical, tanto no sentido etimológico de ir à raiz da questão quanto no sentido político de apoiar grandes mudanças nas instituições sociais. Assim também tem de ser seu herdeiro moderno. Não queremos conservar as intervenções estatais que tanto interferiram em nossa liberdade, apesar de, por óbvio, desejarmos conservar aquelas que a promoveram. Além do mais, na prática, o termo *conservadorismo* acabou englobando uma gama tão variada de visões tão incompatíveis umas com as outras que, sem dúvida, veremos crescer o número de designações hifenizadas, tais como conservador-libertário e conservador-aristocrático.

Em parte por causa da minha relutância em ceder o termo a proponentes de medidas que destruiriam a liberdade, em parte porque não consigo encontrar uma alternativa melhor, solucionarei essas dificuldades usando a palavra *liberalismo* em seu sentido original — como as doutrinas próprias de um homem livre.

# CAPÍTULO 1
# A RELAÇÃO ENTRE LIBERDADE ECONÔMICA E LIBERDADE POLÍTICA

Há uma convicção generalizada de que a política e a economia são questões distintas e têm pouca relação entre si; de que a liberdade individual é um problema político, e o bem-estar material, um problema econômico; e de que qualquer tipo de organização política pode ser combinado com qualquer tipo de organização econômica. A principal manifestação contemporânea dessa ideia é a defesa do "socialismo democrático" por muitos que condenam as restrições à liberdade individual impostas pelo "socialismo totalitário" na Rússia, mas estão convencidos de que é possível um país adotar as características essenciais da organização econômica russa e, ainda assim, assegurar a liberdade individual por meio de uma organização política. A tese deste capítulo é a de que essa visão é ilusória, pois há uma relação íntima entre economia e política, e só algumas combinações de organizações políticas e econômicas são de fato possíveis. Em particular, uma sociedade socialista não pode ser também democrática, no sentido de garantidora da liberdade individual.

A organização econômica tem um papel duplo na promoção de uma sociedade livre. Por um lado, a liberdade na organização econômica é, em si, um componente amplamente conhecido da liberdade, de forma que a liberdade econômica é um fim em si mesma. Além disso, a liberdade econômica também é um meio indispensável para a conquista da liberdade política.

O primeiro desses papéis da liberdade econômica requer uma ênfase especial porque os intelectuais, entre outros, têm a forte tendência de não reconhecerem a importância desse aspecto da liberdade. Eles tendem a desprezar o que consideram aspectos materiais da vida, como se sua busca por valores supostamente mais elevados fosse de um plano de significado distinto e merecesse atenção especial. Se não para os intelectuais, para a maioria dos cidadãos do país, no entanto, a importância direta da liberdade econômica é, no mínimo, comparável em significado à importância indireta da liberdade econômica como um meio para a liberdade política.

Um cidadão do Reino Unido que, depois da Segunda Guerra Mundial, não tinha permissão de passar férias nos Estados Unidos por causa do controle cambial estava sendo privado de uma liberdade essencial tanto quanto o cidadão dos Estados Unidos a quem era negada a oportunidade de passar férias na Rússia por sua visão política. O primeiro caso era uma restrição econômica explícita sobre a liberdade, o outro, uma restrição política; ainda assim, não há nenhuma diferença essencial entre os dois.

Um cidadão dos Estados Unidos que é obrigado por lei a destinar cerca de 10% da renda para adquirir uma espécie de contrato de aposentadoria administrado pelo governo está sendo privado de uma parte correspondente de sua liberdade pessoal. O impacto dessa privação e sua semelhança com a privação da liberdade religiosa, que todos consideram "civil" ou "política", e não "econômica", foram dramatizados em um episódio envolvendo um grupo de fazendeiros da seita Amish. Por uma questão de princípios, esse grupo considerava os programas federais obrigatórios para a terceira idade uma violação de sua liberdade individual e se recusava a pagar impostos e aceitar benefícios. Como resultado, seus integrantes tiveram de leiloar alguns de seus animais de criação para cobrir as contribuições previdenciárias obrigatórias. É verdade que são poucos os cidadãos que consideram a previdência social obrigatória para os mais velhos uma privação da liberdade, mas isso pouco importa para quem acredita na liberdade.

Um cidadão dos Estados Unidos que, de acordo com as leis de vários estados, não tem liberdade para seguir a profissão de sua escolha pessoal, a menos que obtenha uma licença, também está sendo privado de parte essencial de sua liberdade. O mesmo acontece com o homem que gostaria de trocar alguns de seus bens pelo relógio de um suíço, por exemplo, mas é impedido a não ser que pague uma cota. É o caso também do cidadão da Califórnia que foi jogado na cadeia por vender Alka Seltzer a um preço abaixo do estabelecido pelo fabricante, com base nas ditas leis de "comércio justo". O mesmo acontece com o fazendeiro que não consegue plantar a quantidade de trigo que deseja. E assim por diante. Claramente, a liberdade econômica, por si só, é parte extremamente importante da liberdade total.

Vista como um meio para obter a liberdade política, a organização econômica é importante pelo efeito que causa sobre a concentração ou dispersão de poder. O tipo de organização econômica que promove diretamente a liberdade econômica, ou seja, o capitalismo competitivo, também promove a liberdade política porque separa o poder econômico do poder político, o que permite que um controle o outro.

As evidências históricas são unânimes sobre a relação entre liberdade política e livre mercado. Não conheço exemplo, em época ou lugar algum, de uma sociedade que tenha se caracterizado por um grande grau de liberdade política e não contasse com algo comparável a um livre mercado para organizar quase toda a atividade econômica.

Por vivermos em uma sociedade majoritariamente livre, tendemos a esquecer como são restritos o intervalo de tempo e a parte do globo em que sempre existiu algo parecido com a liberdade política: o estado típico da humanidade é tirania, servidão e miséria. O século XIX e o início do século XX no mundo ocidental se destacam como exceções marcantes à tendência geral do desenvolvimento histórico. A liberdade política, nesse caso, veio claramente junto com o livre mercado e o desenvolvimento de instituições capitalistas. O mesmo aconteceu com a liberdade política na era de ouro da Grécia e nos primeiros tempos da era romana.

A história só traz indícios de que o capitalismo é uma condição necessária para a liberdade política. É óbvio que não é uma condição suficiente. A Itália e a Espanha fascistas, a Alemanha em vários momentos dos últimos setenta anos, o Japão antes da Primeira e da Segunda Guerras Mundiais, a Rússia czarista nas décadas anteriores à

Primeira Guerra Mundial — são todas sociedades que não podem ser descritas como politicamente livres. Ainda assim, em cada uma delas, a empresa privada era a forma dominante de organização econômica. Portanto, é possível haver sistemas econômicos que sejam fundamentalmente capitalistas e sistemas políticos que não sejam livres.

Mesmo nessas sociedades, os cidadãos tinham muito mais liberdade do que em um Estado totalitário moderno como a Rússia ou a Alemanha nazista, onde o totalitarismo econômico é combinado com o totalitarismo político. Mesmo na Rússia sob os Czares, alguns cidadãos, em algumas circunstâncias, tinham a possibilidade de mudar de emprego sem permissão política porque o capitalismo e a existência da propriedade privada exerciam algum controle sobre o poder centralizado do Estado.

A relação entre liberdade política e liberdade econômica é complexa e nem um pouco unilateral. No início do século XIX, Bentham e os filósofos radicais estavam inclinados a considerar que a liberdade política era um meio para alcançar a liberdade econômica. Acreditavam que as massas estavam sendo prejudicadas pelas restrições impostas e que, se a reforma política concedesse o direito de voto à maior parte do povo, este faria o que seria bom para si, isto é, votar pelo *laissez-faire*. Em retrospecto, não se pode dizer que estavam errados. Houve uma grande reforma política, seguida de uma reforma econômica baseada em uma boa dose de *laissez-faire*. Houve um enorme aumento no bem-estar das massas resultante dessa mudança nos sistemas econômicos.

Ao triunfo do liberalismo de Bentham na Inglaterra do século XIX, seguiu-se uma reação no sentido do aumento da intervenção do governo em assuntos econômicos. Essa tendência ao coletivismo foi muito acelerada pelas duas Guerras Mundiais, tanto na Inglaterra como em outros lugares. No lugar da liberdade, foi o assistencialismo que dominou os países democráticos. Reconhecendo a ameaça implícita ao individualismo, os descendentes intelectuais dos filósofos radicais — Dicey, Mises, Hayek e Simons, para mencionar apenas alguns — temiam que um movimento contínuo em direção ao controle centralizado da atividade econômica fosse comprovar O caminho da servidão, como Hayek intitulou sua profunda análise do processo. A ênfase desses intelectuais estava na liberdade econômica como um meio para a liberdade política.

Os acontecimentos desde o fim da Segunda Guerra Mundial mostram ainda uma diferente relação entre liberdade econômica e liberdade política. O planejamento econômico coletivista interferiu, de fato, na liberdade individual. No entanto, ao menos em alguns países, o resultado não foi a supressão da liberdade, mas a reversão da política econômica. A Inglaterra, de novo, oferece o exemplo mais notável. O ponto de inflexão talvez tenha sido a ordem de "controle de contratos", que o Partido Trabalhista, embora tivesse grandes receios, achou necessário impor para a execução de sua política econômica. Se aplicada e implementada integralmente, a lei envolveria a alocação centralizada de indivíduos a seus empregos. Isso gerou um conflito tão acentuado com a liberdade pessoal que a lei foi aplicada em um número insignificante de casos e acabou revogada depois de um curto período de vigência. Essa revogação marcou o início de uma mudança decisiva na política econômica, caracterizada por uma dependência menor de "planos" e "programas" centralizados, pelo desmantelamento de muitos controles e pela ênfase no mercado privado. Essas mudanças de políticas ocorreram na maioria dos países democráticos.

A explicação mais próxima para essas mudanças na política é o sucesso limitado do planejamento central ou seu completo fracasso em alcançar objetivos declarados. No entanto, esse fracasso deve ser atribuído, ao menos em certa medida, às implicações políticas do planejamento central e à relutância em seguir sua lógica, uma vez que, para tanto, é necessário atropelar cruelmente direitos privados preciosos. Pode até ser que a mudança seja apenas uma interrupção temporária da tendência coletivista deste século. Mesmo assim, ilustra a relação estreita entre liberdade política e sistemas econômicos.

Sozinhas, as evidências históricas nunca serão convincentes. Talvez tenha sido mera coincidência que a expansão da liberdade tenha ocorrido ao mesmo tempo que o desenvolvimento das instituições capitalistas e de mercado. Por que deveria haver uma conexão? Quais são as correlações lógicas entre a liberdade econômica e a política? Ao discutirmos essas questões, devemos considerar, primeiro, o mercado como um componente direto da liberdade e, então, a relação indireta entre sistemas de mercado e liberdade política. Um subproduto será um esboço dos sistemas econômicos ideais para uma sociedade livre.

Como liberais, consideramos a liberdade do indivíduo, ou talvez a da família, nosso objetivo final quando avaliamos sistemas sociais. Nesse sentido, a liberdade como um valor tem a ver com as inter-relações entre as pessoas, e não teria nenhum significado para Robinson Crusoé em uma ilha isolada (sem seu Sexta-Feira). Esse personagem está sujeito a "restrições", tem um "poder" limitado e apenas um número restrito de alternativas, mas não há um problema de liberdade no sentido que é relevante para nossa discussão. Da mesma forma, em uma sociedade a liberdade não tem nada a dizer sobre o que um indivíduo faz com sua liberdade; não é uma ética abrangente. Na verdade, um dos principais objetivos do liberal é deixar o problema ético para que o indivíduo o enfrente. Os problemas éticos "realmente" importantes são aqueles que se apresentam a um indivíduo em uma sociedade livre: o que fazer com sua liberdade. Há, portanto, dois conjuntos de valores que um liberal enfatizará: os valores relevantes para as relações entre as pessoas, que é o contexto em que ele atribui prioridade à liberdade; e os valores relevantes para o indivíduo no exercício de sua liberdade, que é o campo da ética individual e da filosofia.

O liberal concebe os homens como seres imperfeitos. Considera que o problema da organização social é negativo, e é uma questão de evitar que pessoas "más" causem danos, e não de permitir que pessoas "boas" façam o bem; é claro, as pessoas "más" e as pessoas "boas" podem ser as mesmas, dependendo de quem as está julgando.

O problema básico da organização social é como coordenar as atividades econômicas de um grande número de pessoas. Mesmo em sociedades relativamente atrasadas, são necessárias uma divisão ampla de trabalho e uma especialização das funções para que seja feito um uso eficaz dos recursos disponíveis. Em sociedades avançadas, é muito maior a escala de coordenação necessária para o proveito máximo das oportunidades proporcionadas pela ciência e pela tecnologia. Há literalmente milhões de pessoas envolvidas no fornecimento do pão de cada dia umas às outras, sem falar dos carros do ano. O desafio para quem acredita na liberdade é conciliar essa enorme interdependência com a liberdade individual.

A RELAÇÃO ENTRE LIBERDADE ECONÔMICA E LIBERDADE POLÍTICA 55

Fundamentalmente, só há duas maneiras de coordenar as atividades econômicas de milhões de pessoas. Uma delas é a direção centralizada envolvendo o uso da coerção: a técnica do exército e do Estado totalitário moderno. A outra é a cooperação voluntária entre indivíduos: a técnica do mercado.

A possibilidade de coordenação por meio de cooperação voluntária baseia-se na proposição elementar — embora frequentemente negada — de que ambas as partes de uma transação econômica se beneficiam dela, *desde que a transação seja bilateralmente voluntária e informada.*

O intercâmbio pode, portanto, gerar coordenação sem coerção. O modelo de trabalho de uma sociedade organizada por meio da cooperação voluntária é *economia de livre mercado da iniciativa privada* — que costumamos chamar de capitalismo competitivo.

Em sua forma mais simples, tal sociedade consiste em uma série de famílias independentes — um grupo de Robinson Crusoés, por assim dizer. Cada família usa os recursos que controla para produzir bens e serviços em troca de bens e serviços produzidos por outras famílias, em termos mutuamente aceitáveis para as duas partes do acordo. A família é, portanto, capaz de satisfazer seus desejos indiretamente, produzindo bens e serviços para outras pessoas, em vez de diretamente, produzindo bens para seu próprio uso imediato. O incentivo para adotar essa via indireta é, naturalmente, o aumento da produção, possibilitado pela divisão do trabalho e pela especialização de funções. A família sempre tem a alternativa de produzir diretamente para si, então não precisa entrar em qualquer troca, a menos que colha benefícios. Portanto, não haverá nenhuma transação a menos que ambas as partes se beneficiem. Assim se realiza a cooperação sem coerção.

A especialização de função e a divisão do trabalho não iriam longe se a unidade produtiva final fosse a família. Em uma sociedade moderna, fomos muito mais longe. Introduzimos empresas que agem como intermediárias entre indivíduos que atuem como prestadores de serviços e como compradores de bens. Da mesma forma, a especialização de função e a divisão do trabalho não poderiam avançar se contássemos apenas com o escambo de um produto por outro. Como consequência, o dinheiro foi introduzido como um meio de facilitar a troca e permitir a separação dos atos de compra e venda.

Apesar do papel importante das empresas e da moeda na economia atual, mesmo considerando os numerosos e complexos problemas que suscitam, a característica central da técnica de mercado para obter a coordenação já é amplamente demonstrada na simples economia de troca que não faz uso de empresas nem de moeda. Assim como ocorre no modelo simples, também na economia empresarial e de troca de moeda complexa, a cooperação é estritamente individual e voluntária, *desde que*: (*a*) as empresas sejam privadas, de modo que as partes contratantes finais sejam indivíduos e (*b*) os indivíduos sejam efetivamente livres para realizar ou não qualquer troca em particular, de modo que toda transação seja estritamente voluntária.

É muito mais fácil estabelecer essas ressalvas em termos gerais do que explicá-las em detalhes, ou especificar com precisão os dispositivos institucionais mais propícios à sua manutenção. De fato, grande parte da literatura econômica técnica trata exatamente dessas questões. O requisito básico é a manutenção da lei e da ordem para evitar a coerção física de um indivíduo por outro e para fazer cumprir os contratos celebrados voluntariamente, dando assim substância ao "privado". Afora isso, talvez os problemas mais difíceis surjam do monopólio — que inibe a liberdade efetiva ao negar aos indivíduos alternativas para uma troca em particular — e dos "efeitos de vizinhança" — efeitos sobre terceiros pelos quais não é viável haver cobranças ou recompensas. Esses problemas serão discutidos com mais detalhes no próximo capítulo.

Desde que seja mantida uma liberdade de troca eficaz, a característica principal da organização da atividade econômica pelo mercado é evitar a interferência de uma pessoa em relação à maioria das atividades de outra. O consumidor é protegido da coerção do vendedor devido à presença de outros vendedores dispostos a negociar. O vendedor é protegido da coerção do consumidor por haver outros consumidores a quem vender. O empregado é protegido da coerção do empregador por poder trabalhar para outros empregadores, e assim por diante. E o mercado faz isso com impessoalidade e sem autoridade centralizada.

De fato, uma das principais objeções a uma economia livre é precisamente o fato de ela fazer essa tarefa tão bem: dar às pessoas o que querem, em vez do que determinado grupo pensa que deveriam querer. Subjacente à maioria dos argumentos contra o livre mercado está a falta de confiança na própria liberdade.

A existência de um livre mercado não elimina, é claro, a necessidade de haver governo. Pelo contrário, o governo é essencial tanto como fórum para determinar as "regras do jogo" quanto como árbitro para interpretar e fazer cumprir as regras aprovadas. O que o mercado faz é reduzir bastante a gama de problemas que devem ser decididos por meios políticos e, assim, minimizar o escopo do governo, isto é, até onde ele precisa participar diretamente do jogo. A ação por meio de canais políticos se caracteriza pela tendência a exigir ou impor uma conformidade substancial. A grande vantagem do mercado, por outro lado, está em permitir diversidade ampla. É, em termos políticos, um sistema de representação proporcional. Cada homem pode votar, digamos, na cor da gravata que quiser e então usá--la; ele não precisa ver que cor a maioria quer e então, se estiver em minoria, se submeter.

É a essa característica que nos referimos quando dizemos que o mercado proporciona liberdade econômica. Mas essa característica também tem implicações que vão muito além do estreito aspecto econômico. A liberdade política significa a ausência de coerção de um homem por seus semelhantes. A ameaça fundamental à liberdade é o poder de coerção, seja pelas mãos de um monarca, de um ditador, de uma oligarquia ou de uma maioria momentânea. A preservação da liberdade requer, ao máximo possível, a eliminação de concentração de poder e a dispersão e distribuição de qualquer poder que não possa ser eliminado — um sistema de freios e contrapesos. Ao retirar a organização da atividade econômica do controle da autoridade política, o mercado elimina essa fonte de poder coercitivo. Permite que o vigor econômico seja mais um freio para o poder político do que um reforço.

O poder econômico pode ser amplamente disperso. Não há lei de conservação que force o crescimento de novos centros de vigor econômico às custas dos centros existentes. O poder político, por outro lado, é mais difícil de ser descentralizado. Pode haver vários pequenos governos independentes. Mas é muito mais difícil manter numerosos pequenos centros equipotentes de poder político em um único grande governo do que ter numerosos centros de força econômica em uma única grande economia. Pode haver muitos milionários em uma grande economia. Mas pode haver mais de um líder realmente notável, uma pessoa na qual se concentram as energias e o entusiasmo de seus compatriotas? Se o poder do governo central aumenta, é provável que seja às custas dos governos locais. Parece haver uma espécie de total fixo de poder político a ser distribuído. Consequentemente, se o poder econômico se une ao poder político, a concentração parece quase inevitável. Por outro lado, se o poder econômico é mantido em paralelo ao poder político, pode servir como freio e contrapeso ao poder político.

A força desse argumento abstrato talvez possa ser mais bem demonstrada por meio de um exemplo. Vamos considerar, primeiro, um exemplo hipotético que pode ajudar a pôr em destaque os princípios envolvidos e, em seguida, alguns exemplos reais de experiências recentes que ilustram a forma como o mercado funciona para preservar a liberdade política.

Uma característica de uma sociedade livre é certamente a liberdade dos indivíduos de defender e propagandear abertamente uma mudança radical na estrutura da sociedade — desde que a defesa se restrinja à persuasão e não inclua a força nem outras formas de coerção. É um traço marcante da liberdade política de uma sociedade capitalista que os homens possam advogar e trabalhar abertamente pelo socialismo. Do mesmo modo, em uma sociedade socialista, para que houvesse liberdade política seria preciso que os homens fossem livres para defender a introdução do capitalismo. Como a liberdade de defender o capitalismo poderia ser preservada e protegida em uma sociedade socialista?

Para que os homens possam advogar por qualquer coisa, eles precisam primeiro ser capazes de se sustentar financeiramente. Isso já levanta um problema em uma sociedade socialista, uma vez que todos os empregos estão sob o controle direto das autoridades políticas. Para que um governo socialista permitisse que seus funcionários defendessem políticas diretamente contrárias à doutrina oficial, seria necessário um ato de abnegação — cuja dificuldade é evidenciada pela experiência nos Estados Unidos após a Segunda Guerra Mundial com a questão da "segurança" entre funcionários públicos federais.

Mas vamos supor que esse ato de abnegação aconteça. Para que a defesa do capitalismo tenha algum significado, os proponentes devem ser capazes de financiar sua causa — realizar reuniões públicas, publicar panfletos, comprar tempo de rádio, publicar jornais e revistas etc. Como poderiam levantar recursos para isso? Teria de haver, e provavelmente haveria, homens na sociedade socialista com renda alta, talvez até grandes somas de capital na forma de títulos do governo e similares, mas esses homens seriam necessariamente funcionários públicos de alto escalão. É possível conceber um funcionário socialista de menor nível que mantém seu trabalho e ao mesmo tempo defende abertamente o capitalismo. Mas é preciso muita ingenuidade para imaginar o alto escalão socialista financiando tais atividades "subversivas".

O único recurso para a obtenção de fundos seria levantar pequenas quantias de um grande número de funcionários de menor nível. Mas essa não é uma resposta real. Para se obterem tais recursos, muitas pessoas já teriam de estar persuadidas, e nosso problema é justamente como iniciar e financiar uma campanha para isso. Movimentos

A RELAÇÃO ENTRE LIBERDADE ECONÔMICA E LIBERDADE POLÍTICA 61

radicais em sociedades capitalistas nunca foram financiados dessa forma. Em geral, tiveram o apoio de alguns indivíduos ricos que foram persuadidos — de um Frederick Vanderbilt Field, ou uma Anita McCormick Blaine, ou uma Corliss Lamont, só para citar alguns nomes de destaque recente, ou um Friedrich Engels, retrocedendo um pouco no tempo. Este é um dos papéis da desigualdade de riqueza na preservação da liberdade política que raramente é notado: o papel do patrono.

Em uma sociedade capitalista, é necessário convencer apenas algumas pessoas ricas para obter recursos para lançar qualquer ideia, por mais estranha que seja, e há muitas dessas pessoas, muitos focos independentes de apoio. Na realidade, não é necessário nem persuadir as pessoas nem as instituições financeiras com recursos disponíveis quanto à solidez das ideias a serem propagadas. Só é necessário persuadi-las de que a propagação pode ser um sucesso financeiro; que o jornal ou a revista ou o livro ou outro empreendimento será lucrativo. Um editor competitivo, por exemplo, não pode se dar ao luxo de publicar apenas textos com os quais concorda pessoalmente; a publicação deve se basear na probabilidade de que o mercado seja suficientemente grande para gerar um retorno satisfatório ao seu investimento.

Desse modo, o mercado rompe o círculo vicioso e torna possível, em última análise, financiar tais empreendimentos por meio de pequenas quantias de muitas pessoas sem ter de persuadi-las primeiro. Não há tal possibilidade na sociedade socialista; existe apenas o Estado todo-poderoso.

Vamos dar asas à imaginação e supor que um governo socialista esteja ciente desse problema e seja composto por pessoas ansiosas por preservar a liberdade. Ele poderia fornecer os recursos? Talvez, mas é difícil imaginar como. Poderia haver uma agência para subsidiar a propaganda subversiva. Mas como escolher quem apoiar? Se a entidade apoiasse a todos os que pedissem, logo ficaria sem recursos, pois o socialismo não pode revogar a lei econômica elementar de que um preço suficientemente elevado atrairá uma grande oferta. Quando a defesa de causas radicais se torna suficientemente remunerativa, a oferta de defensores é ilimitada.

Além disso, a liberdade de defender causas impopulares não exige que essa defesa seja gratuita. Pelo contrário, nenhuma sociedade poderia ser estável se a defesa de uma mudança radical fosse gratuita, muito menos subsidiada. É inteiramente apropriado que os homens façam sacrifícios para defender causas nas quais acreditam profundamente. Na verdade, a preservação da liberdade é importante apenas para pessoas dispostas a praticar a abnegação; caso contrário, a liberdade se degenerará, desenfreada e irresponsável. O essencial é que o custo de defender causas impopulares seja tolerável, não proibitivo.

Mas ainda não terminamos. Em uma sociedade de economia de mercado, basta haver os recursos. Os fornecedores de papel estão dispostos a vendê-lo tanto ao *Daily Worker* como ao *Wall Street Journal*. Em uma sociedade socialista, não bastaria ter os recursos. Um partidário do capitalismo hipotético teria que persuadir uma fábrica do governo a vender a ele, a gráfica do governo a imprimir seus panfletos, os correios do governo a distribuí-los ao povo, uma agência governamental a alugar-lhe um salão para palestras etc.

A RELAÇÃO ENTRE LIBERDADE ECONÔMICA E LIBERDADE POLÍTICA

Talvez haja algum modo de superar essas dificuldades e preservar a liberdade em uma sociedade socialista. Não se pode dizer que seja totalmente impossível. O que está claro, no entanto, é que existem dificuldades muito reais em estabelecer instituições que de fato preservarão a possibilidade de discordância. Que eu saiba, nenhuma das pessoas a favor do socialismo e também a favor da liberdade encarou de fato essa questão, ou até mesmo deu um início efetivo ao desenvolvimento dos dispositivos institucionais que permitiriam a liberdade sob o socialismo. Por outro lado, é evidente como a sociedade capitalista de livre mercado promove a liberdade.

Um exemplo prático notável desses princípios abstratos é a experiência de Winston Churchill. De 1933 até a eclosão da Segunda Guerra Mundial, Churchill não tinha permissão para falar na rádio britânica, que era, obviamente, um monopólio do governo administrado pela British Broadcasting Corporation (BBC). Lá estava um cidadão importante de seu país, um membro do Parlamento, um ex-ministro de gabinete, um homem que tentava desesperadamente por todos os meios possíveis persuadir seus conterrâneos a tomar medidas para afastar a ameaça da Alemanha de Hitler. Ele não tinha permissão para falar ao povo britânico pelo rádio porque a BBC era um monopólio do governo e Churchill tinha uma posição muito "controversa".

Outro exemplo notável, relatado na edição de 26 de janeiro de 1959 da *Time*, tem a ver com o "Blacklist Fadeout" [Ocaso da lista negra]. Diz o artigo da *Time*:

O ritual de premiação do Oscar é o maior lance de Hollywood em defesa da dignidade, mas há dois anos a dignidade sofreu um baque. Quando um tal de Robert

Rich foi anunciado como melhor roteirista por *Arenas sangrentas*, ele não apareceu no palco. Robert Rich era um pseudônimo para encobrir o nome de um dos quase 150 roteiristas incluídos na lista negra da indústria cinematográfica desde 1947 como suspeitos de serem comunistas ou simpatizantes do comunismo. O caso foi particularmente constrangedor porque a Academia de Cinema havia barrado da competição todos os comunistas ou quem invocasse a Quinta Emenda. Na semana passada, tanto a norma sobre comunistas quanto o mistério da identidade de Rich foram subitamente reescritos.

Rich na verdade era Dalton Trumbo (autor de *Johnny vai à guerra*), um dos "Dez de Hollywood", roteiristas que se recusaram a depor nas audiências de 1947 sobre o comunismo na indústria cinematográfica. Disse o produtor Frank King, que insistiu com veemência que Robert Rich era "um jovem barbudo na Espanha": "Temos uma obrigação para com nossos acionistas de comprar o melhor roteiro que pudermos. Trumbo nos trouxe *Arenas sangrentas,* e nós o compramos."

De fato, isso formalizou o fim da lista negra de Hollywood. Para os escritores barrados, o fim informal já tinha ocorrido havia muito tempo. Pelo menos 15% dos filmes atuais de Hollywood foram supostamente escritos por membros da lista. Segundo o produtor King: "Existem mais fantasmas em Hollywood do que em Forest Lawn. Todas as empresas da cidade usaram o trabalho das pessoas da lista. Somos apenas os primeiros a confirmar o que todos já sabem."

Podemos acreditar, como eu acredito, que o comunismo destruiria todas as nossas liberdades, podemos nos

A RELAÇÃO ENTRE LIBERDADE ECONÔMICA E LIBERDADE POLÍTICA

opor com a maior firmeza e vigor possíveis e ainda assim acreditar que, em uma sociedade livre, é intolerável que um homem seja impedido de fazer acordos voluntários com outras pessoas, acordos mutuamente atraentes, porque acredita no comunismo ou está tentando promovê--lo. Sua liberdade inclui a liberdade de promover o comunismo. A liberdade também inclui, é claro, a liberdade dos outros de não negociar com ele nessas circunstâncias. A lista negra de Hollywood foi um ato nada livre que destrói a liberdade porque foi um acordo conspiratório que usou meios coercitivos para evitar intercâmbios voluntários. E não funcionou precisamente porque o mercado encareceu demais a lista. A ênfase comercial, o fato de que as pessoas que administram empresas são incentivadas a ganhar o máximo possível de dinheiro, acabou protegendo a liberdade dos incluídos na lista, proporcionando-lhes uma forma alternativa de emprego e incentivando as pessoas a empregá-los.

Se Hollywood e a indústria cinematográfica fossem empresas do governo ou se, na Inglaterra, tivesse sido uma questão de a British Broadcasting Corporation empregar alguém, é difícil acreditar que os "Dez de Hollywood" ou seu equivalente encontrariam vagas. Da mesma forma, é difícil acreditar que, nessas circunstâncias, grandes defensores do individualismo e da iniciativa privada — ou mesmo grandes defensores de qualquer ponto de vista diferente do *status quo* — teriam sido capazes de conseguir emprego.

Outro exemplo do papel do mercado na preservação da liberdade política foi revelado em nossa experiência com o macarthismo. Totalmente à parte das questões substantivas e do mérito das acusações, que proteção tinham os indivíduos e, em particular, os funcionários do governo contra acusações e investigações irresponsáveis sobre questões cuja revelação iria contra suas consciências? Seu apelo à Quinta Emenda teria sido um esforço vão sem uma alternativa a trabalhar no governo.

Sua proteção fundamental era a existência de uma economia de mercado privado por meio da qual poderiam obter o sustento. Nesse caso, mais uma vez, a proteção não era absoluta. Muitos potenciais empregadores privados eram, com ou sem razão, avessos a contratar quem estava no pelourinho. É bem possível que houvesse muito menos justificativas para os custos impostos a muitas das pessoas envolvidas do que para os custos que costumam ser impostos a pessoas que defendem causas impopulares. Mas o ponto importante é que os custos eram limitados, não proibitivos, como teriam sido se a única possibilidade fosse um emprego no governo.

É interessante notar que uma parte desproporcionalmente grande das pessoas envolvidas aparentemente foi para os setores mais competitivos da economia — pequenas empresas, comércio, agricultura —, onde o mercado é o mais próximo do livre mercado ideal. Ninguém que vai comprar pão sabe se o trigo com o qual o alimento foi fabricado foi cultivado por um comunista ou um republicano, por um constitucionalista ou um fascista, ou, no caso em questão, por um negro ou um branco. Isso ilustra como um mercado impessoal separa as atividades econômicas dos pontos de vista políticos e protege os homens de serem discriminados em suas atividades econômicas por motivos não relacionados à sua produtividade — sejam essas razões associadas às suas opiniões ou à sua cor.

Como esse exemplo sugere, em nossa sociedade, os grupos mais interessados na preservação e no fortalecimento do capitalismo competitivo são os grupos minoritários, que podem mais facilmente se tornar objeto da desconfiança e inimizade da maioria: os negros, os judeus, os estrangeiros, para citar apenas os mais óbvios. No entanto, paradoxalmente, os inimigos do livre mercado — os socialistas e os comunistas — têm sido recrutados de modo desproporcional nesses grupos. Em vez de reconhecerem que a existência do mercado os protegeu das atitudes de seus compatriotas, eles erroneamente atribuem ao mercado a discriminação residual.

# CAPÍTULO 2
# O PAPEL DO GOVERNO EM UMA SOCIEDADE LIVRE

Uma objeção comum às sociedades totalitárias é que elas consideram que os fins justificam os meios. Tomada literalmente, essa objeção é claramente ilógica. Se os fins não justificam os meios, o que justifica? Mas essa resposta fácil não descarta a objeção, apenas mostra que não está bem colocada. Negar que os fins justificam os meios é, indiretamente, afirmar que os fins em questão não são os fins últimos, que são em si o uso dos meios adequados. Desejáveis ou não, fins que só possam ser alcançados por meios ruins devem dar lugar a fins que exijam meios aceitáveis.

Para os liberais, os meios apropriados são o livre debate e a cooperação voluntária, o que implica que qualquer forma de coerção é inadequada. O ideal é que a unanimidade entre indivíduos responsáveis seja alcançada a partir de um debate livre e completo. Esse é outro modo de expressar o objetivo da liberdade enfatizado no capítulo anterior.

Desse ponto de vista, o papel do mercado, como já foi observado, é permitir unanimidade sem conformidade, o que gera um sistema de representação efetivamente proporcional. Por outro lado, o traço característico da ação por canais explicitamente políticos é a tendência a exigir ou impor uma conformidade substancial. A questão típica deve ser decidida na base do "sim" ou "não"; no máximo, pode-se estipular um número bastante limitado de alternativas. Nem mesmo o uso de representação proporcional na sua forma explicitamente política afeta essa conclusão. O número de grupos distintos que podem de fato ter representação é estritamente limitado, uma diferença imensa em comparação com a representação proporcional do mercado. Mais importante, o fato de o resultado final ter que ser, em geral, uma lei aplicável a todos os grupos, em vez de decretos legislativos distintos para cada "parte" representada, significa que a representação proporcional política, longe de permitir a unanimidade sem conformidade, tende à ineficácia e à fragmentação. Assim, atua para destruir qualquer consenso em que a unanimidade com conformidade possa se basear.

É evidente que existem algumas questões em que a representação proporcional é impossível. Nem eu nem você conseguimos obter a força de defesa nacional na intensidade que queremos. Quanto a essas questões indivisíveis, podemos discutir, argumentar e votar. Mas, após decidir, devemos nos conformar. É justamente a existência de tais questões indivisíveis — a proteção do indivíduo e da nação contra a coerção é a mais básica delas — o que impede a dependência exclusiva da ação individual através do mercado. Se precisamos empregar alguns de nossos recursos para essas questões indivisíveis, temos que usar os canais políticos para conciliar as diferenças.

O uso de canais políticos, embora inevitável, tende a prejudicar a coesão social essencial para uma sociedade estável. Para chegar a um acordo em uma ação conjunta, a tensão só é mínima em uma gama restrita de questões sobre as quais as pessoas já têm pontos de vista em comum. Cada vez que se amplia a gama de questões para as quais é necessário um acordo explícito, tencionam-se ainda mais os delicados fios que mantêm a sociedade unida. Se a coisa for longe demais, a ponto de tocar em um assunto que causa grande comoção em pessoas diferentes, pode muito bem causar uma ruptura na sociedade. Diferenças fundamentais em valores básicos raramente são resolvidas nas urnas, se é que são; no fim das contas, só podem ser decididas, mas não resolvidas, pelo conflito. As guerras religiosas e civis da história são uma prova sangrenta dessas decisões.

O uso preponderante do mercado reduz a tensão no tecido social, tornando desnecessária a conformidade a todas as atividades que ele abrange. Quanto mais ampla a gama de atividades que o mercado engloba, menor a quantidade de problemas a serem resolvidos por decisões explicitamente políticas e, portanto, sobre os quais é necessário um acordo. Por sua vez, quanto menos questões a serem acordadas, maior a probabilidade de se chegar a um acordo, e ainda mantendo uma sociedade livre.

A unanimidade é, por óbvio, um ideal. Na prática, não temos nem o tempo nem o empenho necessários para conseguirmos unanimidade em todas as questões. Devemos forçosamente aceitar algo menor. Assim, somos levados a aceitar o governo da maioria, seja qual for, como uma conveniência. O governo da maioria é uma conveniência, não um princípio básico em si, e isso é claramente demonstrado pelo fato de que nossa disposição de recorrer ao governo da maioria e o tamanho da maioria exigida dependem da seriedade da questão envolvida. Se a questão é de pouca importância e a minoria não se importa muito se for rejeitada, uma pluralidade simples será suficiente. Por outro lado, se a minoria der muita importância à questão, nem uma maioria simples será suficiente. Poucos de nós gostariam que questões de liberdade de expressão, por exemplo, fossem decididas por maioria absoluta. Nossa estrutura jurídica está repleta de distinções entre tipos de questões que requerem diferentes tipos de maiorias. No extremo estão aquelas questões abrigadas pela Constituição. São os princípios, tão importantes que estamos dispostos a fazer concessões mínimas à conveniência. São estabelecidos a partir de um certo consenso essencial, e exigimos certo consenso essencial para que sejam alterados.

Deve-se considerar que a determinação legal para a abstenção da regra da maioria em certos tipos de questões contempladas em nossa Constituição e em outras semelhantes, escritas ou não, assim como as disposições específicas dessas constituições ou seus equivalentes que proíbem a coerção de indivíduos, foram obtidas por meio do livre debate e são um reflexo da unanimidade essencial sobre os meios.

Passo agora a considerar mais especificamente, embora ainda em termos gerais, quais áreas não podem, de forma alguma, ser tratadas por meio do mercado, ou só podem ser tratadas a um custo tão alto que o uso de canais políticos pode ser preferível.

## O governo como legislador e árbitro

É importante distinguir as atividades rotineiras das pessoas do quadro geral habitual e legal em que essas atividades ocorrem. As atividades do dia a dia são como as ações dos participantes de um jogo, e o quadro geral é como as regras do jogo. Assim como um bom jogo requer a aceitação das regras tanto pelos jogadores quanto pelo árbitro, para interpretá-las e aplicá-las, uma boa sociedade também requer que seus membros aceitem as condições gerais que irão governar as relações interpessoais, que estabeleçam alguns meios para a arbitração de diferentes interpretações dessas condições e algum dispositivo para fazer cumprir as regras aceitas por todos. Na sociedade, como no jogo, a maioria das condições gerais é o resultado não intencional dos costumes, aceitos sem premeditação. No máximo, cogitamos explicitamente apenas pequenas modificações nas condições gerais, embora o efeito cumulativo de diversas pequenas modificações possa ser uma alteração drástica no caráter do jogo ou da sociedade. Tanto no jogo quanto na sociedade, nenhum conjunto de regras pode prevalecer sem que a maioria se submeta na maioria das vezes sem sanções externas; a não ser, portanto, que exista um consenso social subjacente. Mas não podemos contar apenas com o costume ou com esse consenso para interpretar e pôr as regras em vigor; é necessário um árbitro. São estes, portanto, os papéis fundamentais do governo em uma sociedade livre: prover os meios pelos quais possamos modificar as regras, arbitrar as diferenças que surjam quanto ao significado das regras e garantir seu cumprimento por parte daqueles poucos que, de outra forma, não se submeteriam.

A necessidade de um governo se apresenta quanto a esses aspectos porque a liberdade absoluta é impossível. Por mais atraente que possa ser como filosofia, a anarquia não é viável em um mundo de homens imperfeitos.

As liberdades dos homens podem entrar em conflito e, quando isso acontece, a liberdade de um homem tem de ser limitada para preservar a de outro. Como certa vez disse um juiz da Suprema Corte: "Minha liberdade de mover meu punho tem que ser limitada pela proximidade do seu queixo."

O principal problema para decidir quais atividades são próprias do governo está na forma de resolver conflitos entre as liberdades de diferentes indivíduos. Em alguns casos, a resposta é fácil. Não é difícil obter a quase unanimidade quanto à proposição de que a liberdade de um homem de matar seu vizinho deve ser sacrificada para que se preserve a liberdade do outro homem de viver. Em outros casos, a resposta é difícil. Na área econômica, um grande problema surge em relação ao conflito entre a liberdade de se associar e a liberdade de concorrer. Que significado se deve atribuir a "livre" como modificador de "empresa"? Nos Estados Unidos, "livre" significa que qualquer pessoa é livre para abrir uma empresa, o que significa que as empresas existentes não são livres para impedir a entrada de concorrentes, exceto ao venderem um produto melhor pelo mesmo preço ou o mesmo produto por um preço mais baixo. Na tradição continental, por outro lado, o significado geral é que as empresas são livres para fazer o que quiserem, incluindo a fixação de preços, a divisão dos mercados e a adoção de outras técnicas para impedir a entrada de concorrentes potenciais. Talvez o problema específico mais difícil nessa área diga respeito às associações entre trabalhadores, em que o problema da liberdade de se associar e de competir é particularmente agudo.

Uma área econômica ainda mais fundamental em que a resposta é ao mesmo tempo difícil e importante é a da definição dos direitos de propriedade. A noção de propriedade, que evoluiu ao longo dos séculos e foi incorporada em nossos códigos legais, tornou-se parte de nós a ponto de a considerarmos natural, deixando de reconhecer em que medida a constituição exata de propriedade e quais direitos ela confere são criações sociais complexas, não proposições evidentes por si mesmas. Será que o fato de eu ter o título de propriedade de uma terra, por exemplo, e a liberdade de usar minha propriedade como eu quiser me permite negar a outra pessoa o direito de voar sobre minhas terras em seu avião? Ou será que seu direito de usar o avião tem precedência? Ou será que isso depende da altitude em que se voa? Ou de quanto barulho faz? Será que a troca voluntária requer que alguém me pague pelo privilégio de voar sobre minha terra? A simples menção de royalties, direitos autorais, patentes, ações de empresas, direitos ribeirinhos e termos semelhantes talvez sirva para enfatizar o papel das regras sociais em geral aceitas na própria definição de propriedade. Pode indicar também que, em muitos casos, a existência de uma definição de propriedade bem especificada e amplamente aceita é muito mais importante do que apenas a mera definição.

Outra área econômica que suscita problemas particularmente difíceis é a do sistema monetário. Há muito foi reconhecida a responsabilidade do governo no que se refere a essa questão. Está explicitamente prevista na disposição constitucional que dá ao Congresso o poder de "cunhar moeda, regular o valor desta e de moeda estrangeira". É provável que não haja outra área da atividade econômica em que a ação do governo seja tão uniformemente aceita. Essa aceitação tácita e já quase automática da responsabilidade do governo torna ainda mais necessário compreender as bases de tal responsabilidade, uma vez que aumenta o risco de que a esfera de ação do governo se expanda para atividades que não são próprias de uma sociedade livre, de que ultrapasse a função de prover uma estrutura monetária e comece a determinar a alocação de recursos entre indivíduos. Discutiremos esse problema em detalhes no capítulo 3.

Em resumo, a organização da atividade econômica baseada na troca voluntária pressupõe que tenhamos providenciado, por meio do governo, a manutenção da lei e da ordem para evitar a coerção de um indivíduo por outro, a execução de contratos celebrados voluntariamente, a definição do significado dos direitos de propriedade, a interpretação e a aplicação de tais direitos, e o estabelecimento de uma estrutura monetária.

## Ação por meio do governo com base em monopólio técnico e efeitos de vizinhança

O papel que acabamos de considerar para o governo é fazer algo que o mercado não pode fazer por si mesmo, ou seja, determinar, arbitrar e fazer cumprir as regras do jogo. Também podemos querer fazer, por meio do governo, algumas coisas que supostamente podem ser feitas pelo mercado, mas cujas condições técnicas ou equivalentes dificultam a realização. Todas se resumem a casos em que a troca estritamente voluntária é excessivamente cara ou quase impossível. Esses casos se dividem em duas categorias gerais: o monopólio de mercado e imperfeições similares, e os efeitos de vizinhança.

A troca só é verdadeiramente voluntária quando há alternativas quase equivalentes. O monopólio implica a ausência de alternativas, inibindo a liberdade de troca efetiva. Na prática, é frequente, ou pelo menos comum, que o monopólio se origine por apoio do governo ou conluios entre indivíduos. Com relação a esses casos, o problema é tanto evitar que o governo use monopólios quanto estimular a adoção efetiva de regras como as previstas em nossas leis antitruste. No entanto, o monopólio também pode surgir por ser tecnicamente eficiente e por haver um único produtor ou empresa. Atrevo-me a dizer que tais casos são mais limitados do que se supõe, mas sem dúvida ocorrem. Um exemplo simples talvez seja o da prestação de serviços telefônicos em uma comunidade. Vou me referir a esses casos como monopólio "técnico".

Quando as condições técnicas tornam o monopólio a consequência natural de forças concorrentes de mercado, parece haver apenas três alternativas disponíveis: o monopólio privado, o monopólio público ou a regulamentação pública. Todas as três são ruins, então temos que escolher o menor dos males. Henry Simons, observando a regulamentação pública do monopólio nos Estados Unidos, achou os resultados tão desagradáveis que concluiu que o monopólio público seria um mal menor. Walter Eucken, um notável liberal alemão, observando o monopólio público de ferrovias na Alemanha, achou os resultados tão desagradáveis que concluiu que a regulamentação pública seria um mal menor. Tendo aprendido com ambos, relutantemente concluo que, se tolerável, o monopólio privado pode ser o menor dos males.

Se a sociedade fosse estática, de modo que as condições que dão origem a um monopólio técnico permanecessem sempre presentes, eu teria pouca confiança nessa solução. Em uma sociedade em rápida transformação, no entanto, as condições que levam ao monopólio técnico mudam com frequência, e acho que tanto a regulamentação pública quanto o monopólio público provavelmente serão menos ágeis na resposta às mudanças nas condições, além de menos fáceis de eliminar do que o monopólio privado.

As estradas de ferro nos Estados Unidos são um excelente exemplo. O alto grau de monopólio em ferrovias talvez fosse inevitável em termos técnicos no século XIX. Essa foi a justificativa para a criação da Comissão de Comércio Interestadual (CCI). Mas as condições mudaram. O surgimento do transporte rodoviário e aéreo reduziu o elemento de monopólio nas ferrovias a proporções insignificantes. Mesmo assim, não eliminamos a Comissão. Pelo contrário, a CCI, que começou como uma agência que protege o público da exploração das ferrovias, tornou-se uma agência que protege as ferrovias da concorrência dos caminhões e de outros meios de transporte e, mais recentemente, até mesmo protege as empresas de caminhões existentes da concorrência de novas participantes. Da mesma forma, na Inglaterra, quando as estradas de ferro foram estatizadas, o transporte por caminhões também foi inicialmente estatizado. Se as ferrovias nunca tivessem sido regulamentadas nos Estados Unidos, é quase certo que hoje o transporte, inclusive as ferrovias, seria um setor altamente competitivo, com poucos ou nenhum elemento de monopólio remanescente.

A escolha entre os males do monopólio privado, do monopólio público e da regulamentação pública não pode, no entanto, ser definitiva, não importam as circunstâncias factuais. Se o monopólio técnico é de um serviço ou de uma commodity considerados essenciais e o poder de monopólio é de um tamanho considerável, até mesmo os efeitos de curto prazo do monopólio privado não regulamentado podem não ser toleráveis, e tanto a regulamentação pública quanto a propriedade pública podem ser um mal menor.

O monopólio técnico pode, às vezes, justificar um monopólio público *de facto*. Não pode, por si só, justificar um monopólio público porque a concorrência de quem quer que seja se tornou ilegal. Por exemplo, não há como justificar nosso atual monopólio público dos Correios. Pode-se argumentar que o transporte de correspondências é um monopólio técnico e que o monopólio do governo é o menor dos males. Nesse sentido, talvez fosse possível justificar uma agência governamental dos correios, mas não a lei atual, que torna ilegal o transporte de correspondência por qualquer outra pessoa. Se a entrega de correspondência for um monopólio técnico, ninguém terá sucesso na concorrência com o governo. Se não for, não há razão para o governo estar envolvido com isso. A única maneira de descobrir é deixar que outras pessoas entrem nesse mercado.

A razão histórica para termos o monopólio dos correios se deve ao fato de o Pony Express ter feito um trabalho tão bom transportando a correspondência em todo o continente que, quando o governo lançou o serviço transcontinental, não conseguiu concorrer e perdeu dinheiro. O resultado foi tornar ilegal o transporte de correspondência por qualquer outra pessoa. É por isso que a Adams Express Company é um fundo de investimento, em vez de uma empresa operacional. Presumo que, se a entrega de correspondência fosse um negócio aberto a todos, haveria um grande número de empresas entrando no mercado, e esse setor arcaico sofreria uma rápida revolução.

Uma segunda classe geral de casos em que a cooperação estritamente voluntária é impossível surge quando não é viável cobrar ou recompensar as pessoas pelos efeitos de suas ações em relação a outras. Esse é o problema dos "efeitos de vizinhança". Um exemplo óbvio é a poluição de um riacho. O homem que polui um riacho está, de fato, forçando outras pessoas a trocarem água boa por água ruim. Essas pessoas podem estar dispostas a fazer a troca mediante um preço. Mas não é viável para elas, agindo individualmente, evitar a troca ou obter legalmente a devida compensação.

Um exemplo menos óbvio é o serviço de rodovias. Nesse caso, é tecnicamente possível identificar e, portanto, cobrar dos indivíduos o uso das estradas de modo a haver uma operação privada. No entanto, para estradas de acesso geral, envolvendo muitos pontos de entrada e saída, os custos de cobrança seriam extremamente elevados se fosse feita uma cobrança individual pelos serviços específicos recebidos, pois seria necessária a criação de postos de pedágio ou similares em todas as entradas. O imposto sobre a gasolina é uma forma muito mais barata de cobrar taxas proporcionais à utilização que as pessoas fazem das estradas. Esse método, no entanto, implica que o pagamento específico não pode ser estreitamente identificado com a utilização do serviço. Portanto, é quase inviável que empresas privadas prestem o serviço e realizem a cobrança sem que se estabeleça um vasto monopólio privado.

Tais considerações não se aplicam a postos de pedágio de longa distância, com alta densidade de tráfego e acesso limitado. Para esses casos, o custo da cobrança é baixo e em muitos casos já está sendo pago. Quase sempre há inúmeras alternativas, de modo que não há um problema sério de monopólio. Portanto, há razão de sobra para que tais postos sejam de propriedade e operação privadas. Sendo assim, a empresa operadora da rodovia deveria receber os impostos pagos sobre a gasolina.

Os parques são um exemplo interessante, pois ilustram a diferença entre os casos que podem e os que não podem ser justificados pelos efeitos de vizinhança, e porque quase todo mundo, à primeira vista, considera que a condução dos parques nacionais é obviamente uma função válida do governo. Na realidade, entretanto, os efeitos de vizinhança podem até justificar um parque urbano, mas não justificam um parque nacional como o de Yellowstone ou o Grand Canyon. Qual é a diferença fundamental entre esses dois tipos? No caso do parque urbano, é extremamente difícil identificar as pessoas que se beneficiam dele e cobrar pelos benefícios que recebem. Se houver um parque no meio da cidade, as casas ao redor se beneficiam do espaço aberto, e as pessoas que caminham ou passam por ele também. Manter a cobrança de pedágio nos portões ou cobrar taxas anuais por janela com vista para o parque seria muito caro e difícil. As entradas de um parque nacional como o Yellowstone, por outro lado, são poucas; a maioria das pessoas que vêm ficam por um período considerável de tempo, e é perfeitamente viável instalar pedágios e cobrar pelo ingresso. Na realidade, isso já é feito, embora a taxa de ingresso não cubra todos os custos. Se o público quiser tanto esse tipo de atividade a

O PAPEL DO GOVERNO EM UMA SOCIEDADE LIVRE

ponto de aceitar pagar, as empresas privadas terão todo o incentivo para manter os parques. E, é claro, já existem muitas empresas privadas dessa natureza. Eu não consigo imaginar efeitos de vizinhança ou importantes efeitos de monopólio que justifiquem a atividade governamental nessa área.

Considerações como essas, que tratei sob o título de efeitos de vizinhança, têm sido usadas para justificar quase toda intervenção concebível. Em muitos casos, no entanto, essa justificativa é a falácia do argumento especial, em vez de uma aplicação legítima desse conceito. Efeitos de vizinhança são uma faca de dois gumes. Podem ser motivo tanto para limitar as atividades governamentais quanto para expandi-las. Impedem a troca voluntária porque é difícil identificar os efeitos sobre terceiros e mensurar sua magnitude; mas essa dificuldade também está presente na atividade governamental. É difícil saber quando os efeitos de vizinhança são suficientemente grandes para justificar os gastos específicos para superá-los, e é mais difícil ainda distribuir os recursos adequadamente. Logo, quando o governo se envolve em atividades para superar os efeitos de vizinhança, vai também introduzir um conjunto de efeitos de vizinhança por não cobrar ou compensar os indivíduos adequadamente. Se os efeitos de vizinhança mais sérios são os originais ou os novos, isso só pode ser avaliado pelos fatos em cada caso particular e, mesmo assim, sem muita certeza. Além disso, o próprio uso do governo para superar os efeitos de vizinhança tem um efeito de vizinhança extremamente importante e não relacionado à ocasião de determinada ação governamental. Cada ato de intervenção do governo limita diretamente a área de liberdade individual e ameaça a preservação da liberdade pelos motivos elaborados no capítulo 1.

Nossos princípios não oferecem uma regra pronta e indiscutível a respeito de até onde podemos usar o governo para realizar coletivamente o que é difícil ou impossível realizar individualmente, apenas pela troca voluntária. Qualquer que seja a intervenção proposta, devemos fazer um balanço, listando as vantagens e desvantagens em cada caso. Nossos princípios determinam quais itens devemos colocar de cada lado e dão alguma base para atribuir importância aos diferentes itens. Em particular, devemos sempre querer associar o passivo de qualquer intervenção governamental proposta a seu efeito de vizinhança quanto à ameaça à liberdade e dar a esse efeito um peso considerável. O peso dado a isso, assim como a outros itens, depende das circunstâncias. Se, por exemplo, a atual intervenção do governo é pequena, há um peso menor dos efeitos negativos de uma intervenção adicional. Essa é uma razão importante pela qual muitos liberais que nos antecederam, como Henry Simons, escrevendo em uma época em que o governo era reduzido, em relação aos padrões de hoje, desejavam que o governo assumisse atividades que os liberais de hoje não aceitariam, agora que o governo se tornou tão grande.

## Ação por meio do governo com base no paternalismo

A liberdade só é um objetivo sustentável para indivíduos responsáveis. Não acreditamos na liberdade para loucos nem para crianças. É inevitável e necessário que se trace uma linha entre os indivíduos responsáveis e os outros, mas isso significa que há uma ambiguidade essencial em nosso objetivo final de liberdade. Não se pode escapar do paternalismo em relação àqueles que designamos como não responsáveis.

O caso mais claro, talvez, seja o dos loucos. Não desejamos que tenham liberdade nem atirar neles. Seria bom se pudéssemos contar que indivíduos agissem voluntariamente no sentido de abrigar os loucos e cuidar deles. Mas acho que não podemos descartar a possibilidade de que tais atividades de caridade sejam inadequadas, ao menos por causa do efeito de vizinhança relativo ao fato de que eu me beneficio se outro homem contribui para o cuidado dos loucos. Por esse motivo, podemos estar dispostos a providenciar para que seus cuidados fiquem a cargo do governo.

As crianças apresentam um caso mais difícil. A unidade operacional mais importante em nossa sociedade é a família, não o indivíduo. Entretanto, a aceitação da família como unidade se baseia em grande parte na conveniência, mais do que em um princípio. Acreditamos que os pais são, em geral, mais capazes de proteger seus filhos e propiciar seu desenvolvimento de modo que se tornem indivíduos responsáveis para quem a liberdade é algo apropriado. Mas não acreditamos na liberdade dos pais para fazerem o que quiserem com outras pessoas. As crianças são indivíduos responsáveis em potencial, e quem acredita na liberdade acredita na proteção de seus direitos mais importantes.

Apresentando de uma forma que talvez pareça insensível, as crianças são ao mesmo tempo bens de consumo e potenciais membros responsáveis da sociedade. A liberdade dos indivíduos de usar seus recursos econômicos como quiserem inclui a liberdade de usá-los para ter filhos — comprar, digamos assim, os serviços de crianças como uma forma particular de consumo. Mas, uma vez exercida essa escolha, as crianças têm um valor intrínseco e uma liberdade própria, que não é simplesmente uma extensão da liberdade dos pais.

O fundamento paternalista da atividade governamental é, por várias razões, o mais problemático para um liberal porque envolve a aceitação de um princípio — de que alguns decidirão pelos outros — que ele considera questionável na maioria das aplicações e que acertadamente compreende como uma marca registrada de seus principais oponentes intelectuais, os proponentes do coletivismo em uma ou outra de suas formas, seja o comunismo, o socialismo ou um Estado assistencialista. No entanto, não adianta fazer de conta que os problemas são mais simples do que de fato são. Não há como negar a necessidade de algum grau de paternalismo. Como Dicey escreveu em 1914, sobre uma lei para a proteção de deficientes mentais: "A Lei da [pessoa com] Deficiência Mental é o primeiro passo de um caminho no qual nenhum homem são pode se recusar a entrar, mas que, se for longe demais, fará com que os estadistas se deparem com situações difíceis de enfrentar sem que haja considerável interferência na liberdade individual."[1] Não existe uma fórmula que nos diga onde parar. É preciso confiar em nosso julgamento falível e, tendo chegado a uma decisão, confiar em nossa capacidade de persuadir os semelhantes de que é um julgamento correto ou na capacidade deles de nos persuadirem a modificar nosso ponto de vista. Teremos que depositar

---

1 DICEY, A. V. *Lectures on the Relation between Law and Public Opinion in England during the Nineteenth Century* [Palestras sobre a relação entre direito e opinião pública na Inglaterra durante o século XIX]. 2. ed. Londres: Macmillan, 1914. p. li.

nossa fé, tanto em relação a essa quanto a outras questões, em um consenso alcançado por homens imperfeitos e tendenciosos, por meio do livre debate e por tentativa e erro.

## Conclusão

Um governo que manteve a lei e a ordem, definiu direitos de propriedade, serviu como um meio pelo qual pudéssemos modificar os direitos de propriedade e outras regras do jogo econômico, arbitrou desacordos sobre a interpretação das regras, assegurou a execução de contratos, promoveu a concorrência, estabeleceu um sistema monetário, atuou no combate a monopólios técnicos e na superação de efeitos de vizinhança considerados importantes o suficiente pela maioria para justificar a intervenção do governo e deu assistência a instituições beneficentes privadas e à família particular na proteção dos irresponsáveis, sejam loucos ou crianças — tal governo claramente teria funções importantes a desempenhar. O liberal consistente não é um anarquista.

No entanto, também é verdade que tal governo teria funções bem limitadas e se absteria de diversas atividades realizadas pelos governos federal e estaduais nos Estados Unidos e por seus equivalentes em outros países ocidentais. Os próximos capítulos tratarão de algumas atividades em detalhes, e algumas delas foram discutidas anteriormente, mas, ao concluir este capítulo, pode ser útil listar, para dar um senso de proporção sobre o papel que um liberal atribuiria ao governo, algumas atividades que hoje em dia ficam a cargo do governo norte-americano e que não se justificam, no meu entender, em termos dos princípios enunciados:

1. Programas de apoio à paridade de preços na agricultura.
2. Impostos de importação ou restrições à exportação, como as atuais cotas de importação de petróleo, cotas de açúcar etc.
3. Controle governamental da produção, por exemplo, por meio do programa agrícola ou do racionamento proporcional do petróleo, como é feito pela Comissão Ferroviária do Texas.
4. Tabelamento de aluguéis, como ainda é praticado em Nova York, ou controles generalizados de preços e salários, como os impostos durante e logo após a Segunda Guerra Mundial.
5. Estabelecimento por lei de um salário mínimo ou de preços máximos, como o máximo legal de zero na taxa de juros que podem ser pagos em depósitos à vista por bancos comerciais, ou as taxas máximas fixadas por lei que podem ser pagas sobre a poupança e depósitos a prazo fixo.
6. Regulamentação detalhada de setores da atividade econômica, como a regulamentação do transporte pela Comissão de Comércio Interestadual. Quando foi introduzida para tratar de ferrovias, esta se justificava com base no monopólio técnico, mas agora não se justifica para nenhum meio de transporte. Outro exemplo é a regulamentação detalhada do sistema bancário.
7. Um exemplo semelhante, mas que merece menção especial pela censura implícita e violação da liberdade de expressão, é o controle do rádio e da televisão pela Comissão Federal de Comunicações.
8. Os programas atuais de previdência social, em especial aqueles para idosos e de aposentadoria, que obrigam as pessoas de fato a (a) gastarem uma fração específica de sua renda na compra de anuidade de aposentadoria, (b) comprarem a anuidade de uma empresa administrada pelo governo.
9. Regras para o licenciamento em várias cidades e estados que restringem determinados empreendimentos ou ocupações

O PAPEL DO GOVERNO EM UMA SOCIEDADE LIVRE

ou profissões a pessoas que têm licença, sendo a licença mais do que um recibo de uma taxa que quem deseja entrar na atividade possa pagar.

10. O chamado "programa habitacional" e toda a miríade de programas de subsídios destinados a fomentar a construção de moradias populares como os de garantia de hipoteca ou similares da Administração Federal de Habitação (FHA, na sigla em inglês) e do Assuntos de Veteranos (VA, na sigla em inglês).

11. Recrutamento para o serviço militar obrigatório em tempos de paz. A resolução mais adequada aos parâmetros de uma economia de mercado é a apresentação voluntária para o serviço militar, ou seja: contratar homens para servir. Não há justificativa para não pagar o preço para atrair o número necessário de homens. As disposições atuais são injustas e arbitrárias, interferem seriamente na liberdade dos jovens, determinando suas vidas, e podem se revelar ainda mais caras do que a alternativa de mercado. (O treinamento militar universal com o intuito de formar uma reserva para tempos de guerra é um problema diferente e pode se justificar em termos liberais.)

12. Parques nacionais, conforme já comentado.

13. A proibição legal do transporte de correspondência com fins lucrativos.

14. Estradas com pedágio de propriedade e operação públicas, conforme já comentado.

Essa lista não está nem de longe completa.

# CAPÍTULO 3
# O CONTROLE DA MOEDA

"Pleno emprego" e "crescimento econômico" tornaram-se, nas últimas décadas, as principais desculpas para expandir a intervenção do governo em questões econômicas. Uma economia de livre concorrência na iniciativa privada, dizem, é inerentemente instável. Deixada à própria sorte, gerará ciclos recorrentes de expansão e retração. O governo deve, portanto, intervir para manter o equilíbrio. Esses argumentos, particularmente poderosos durante e após a Grande Depressão dos anos 1930, foram um elemento importante para a criação do New Deal nos Estados Unidos e para um crescimento semelhante da intervenção governamental em outros países. Recentemente, "crescimento econômico" tornou-se o sinal de alerta mais popular. O governo, argumenta-se, deve fazer com que a economia se expanda para propiciar os meios para a guerra fria e demonstrar aos países não alinhados aos Estados Unidos que uma democracia pode crescer mais depressa do que um Estado comunista.

Tais argumentos são totalmente enganosos. O fato é que a Grande Depressão, como a maioria dos outros períodos de desemprego severo, foi produzida pela má gestão do governo, e não por qualquer instabilidade inerente à economia privada. Um órgão governamental, o Sistema da Reserva Federal, recebeu a responsabilidade de cuidar da política monetária. Em 1930 e 1931, o órgão exerceu essa responsabilidade com tamanha inaptidão que converteu em grande catástrofe o que teria sido apenas uma contração moderada (ver discussão mais à frente, páginas 97-106). Hoje, também, as medidas governamentais constituem o principal obstáculo ao crescimento econômico dos Estados Unidos. Tarifas e outras restrições ao comércio internacional, altas cargas tributárias e uma estrutura tributária complexa e iníqua, comissões regulatórias, fixação de preços e salários e diversas outras medidas incentivam o uso e o direcionamento indevidos de recursos e distorcem o investimento de novas poupanças. O que precisamos com urgência, tanto para a estabilidade quanto para o crescimento econômico, é a redução da intervenção governamental, não o aumento.

Essa redução ainda manteria a relevância do papel do governo nessas áreas. É desejável que o governo seja empenhado em propiciar uma estrutura monetária estável para uma economia de livre mercado — isso faz parte da função de propiciar um ambiente jurídico estável. É desejável também que o governo seja usado para propiciar uma estrutura jurídica e econômica geral que permitirá às pessoas gerar crescimento na economia, de acordo com valores de cada um.

As principais áreas da política governamental relevantes para a estabilidade econômica são a política monetária e a política fiscal ou orçamentária. Este capítulo examina a política monetária nacional; o próximo, os acordos monetários internacionais; e o capítulo 5, a política fiscal ou orçamentária.

Nossa tarefa, neste capítulo e no seguinte, é traçar um rumo entre duas visões, nenhuma das quais é aceitável, embora ambas tenham seus atrativos. A Cila é a crença de que um padrão-ouro puramente automático é viável e desejável e resolveria todos os problemas de promoção da cooperação econômica entre pessoas e países em um ambiente estável. A Caríbdis é a crença de que a necessidade de se adaptar a circunstâncias imprevistas requer a atribuição de amplos poderes discricionários a um grupo de técnicos, reunidos em um banco central "independente" ou em algum órgão burocrático. Nenhuma das duas se provou uma solução satisfatória no passado; e não é provável que sejam no futuro.

---

Um liberal teme, por fundamento, a concentração de poder. Seu objetivo é preservar o grau máximo de liberdade para cada pessoa individualmente, de modo que a liberdade de uma não interfira na de outras. Ele acredita que esse objetivo requer um poder disperso. Receia atribuir ao governo quaisquer funções que possam ser desempenhadas por meio do mercado, não só porque este substitui a coerção pela cooperação voluntária na área em questão como também porque conceder ao governo um papel maior em uma área ameaça a liberdade em outras.

A necessidade de dispersão do poder impõe um problema especialmente difícil no campo da moeda. Há um consenso geral de que o governo deve se responsabilizar por questões monetárias. Também há um reconhecimento generalizado de que o controle sobre a moeda pode ser uma ferramenta poderosa para controlar e moldar a economia. Seu poder é dramatizado na famosa frase de Lenin: a maneira mais eficaz de destruir uma sociedade é destruir sua moeda. Na prática, isso se exemplifica na medida em que o controle da moeda, desde tempos imemoriais, permitiu que os soberanos cobrassem impostos altos da população em geral, muitas vezes sem o acordo explícito do legislador, quando havia legislatura. Isso tem ocorrido desde tempos antigos, quando os monarcas tiravam lascas da moeda, porém expedientes semelhantes são adotados até os dias de hoje, com nossas técnicas modernas mais sofisticadas para imprimir papel-moeda ou simplesmente alterar registros contábeis. O problema é estabelecer dispositivos institucionais que permitam que o governo exerça a responsabilidade pela moeda, mas que também limitem o poder concedido ao governo e impeçam que esse poder seja usado de maneiras que tendam a enfraquecer, em vez de fortalecer, uma sociedade livre.

## Um padrão de commodity

Historicamente, o instrumento que evoluiu com mais frequência em muitos lugares e ao longo dos séculos é um padrão de commodity; ou seja, usar como moeda alguma commodity física tal como ouro ou prata, bronze ou estanho, cigarros ou conhaque, ou diversos outros bens. Se a moeda consistisse inteiramente em uma commodity desse tipo, não haveria, em princípio, nenhuma necessidade de controle por parte do governo. A quantidade de dinheiro disponível na sociedade dependeria do custo de produção da commodity monetária, não de outras coisas. Alterações na quantidade da moeda dependeriam de alterações nas condições técnicas da produção da commodity monetária e de alterações na demanda por moeda. Esse é um ideal que anima muitos adeptos do padrão-ouro automático.

Os padrões atuais de commodities se desviaram muito desse conceito simples que não requer intervenção governamental. Historicamente, o padrão de commodity, como padrão-ouro ou padrão-prata, se seguiu do desenvolvimento da moeda fiduciária de um tipo ou de outro, aparentemente conversível em commodity monetária em termos fixos. Houve um ótimo motivo para essa evolução. O defeito fundamental de um padrão de commodity, do ponto de vista da sociedade como um todo, está na necessidade do uso de recursos reais para agregar ao estoque de moeda. É preciso trabalhar muito para extrair ouro do solo da África do Sul e enterrá-lo em Fort Knox ou algum lugar semelhante. O uso imprescindível de recursos reais para o funcionamento de um padrão de commodity cria um forte incentivo para a busca por maneiras de alcançar o mesmo resultado sem empregar esses recursos. Se as pessoas aceitarem como dinheiro pedaços de papel em que está impresso "Prometo pagar ____ unidades da commodity padrão", esses pedaços de papel podem desempenhar a mesma função das peças físicas de ouro ou prata e requerem muito menos recursos para serem produzidos. Esse ponto, que discuti com mais detalhes em outro texto,[1] parece-me ser a dificuldade fundamental de um padrão de commodity.

---

1 FRIEDMAN, Milton. *A Program for Monetary Stability* [Um programa para a estabilidade monetária]. Nova York: Fordham University Press, 1959. pp. 4-8.

Se um padrão de commodity automático fosse viável, seria uma excelente solução para o dilema do liberal: contar com uma estrutura monetária estável sem o perigo do exercício irresponsável do poder monetário. Se, por exemplo, um verdadeiro padrão-ouro, em que 100% da moeda de um país consistisse literalmente de ouro, fosse amplamente apoiado pelo público em geral, imbuído da mitologia de um padrão-ouro e da crença de que é imoral e impróprio o governo interferir em seu funcionamento, isso proporcionaria uma garantia eficaz contra interferências do governo na moeda e contra a ação monetária irresponsável. Com esse padrão, qualquer poder monetário do governo teria um alcance muito menor. Mas, historicamente, como acabamos de observar, tal sistema automático nunca se mostrou viável. Sempre tendeu a evoluir na direção de um sistema misto contendo elementos fiduciários, como cédulas e depósitos bancários, ou cédulas do governo, além da commodity monetária. E foi comprovado que, uma vez introduzidos os elementos fiduciários, é difícil evitar o controle governamental sobre eles, mesmo que, na origem, tenham sido emitidos por entidades privadas. O motivo é basicamente a dificuldade de prevenir a falsificação ou seu equivalente econômico. A moeda fiduciária é um contrato para pagar pela moeda-padrão. Acontece que tende a haver um longo intervalo entre o estabelecimento e a concretização do contrato, o que aumenta a dificuldade de fazer valer o acordo e, portanto, também aumenta a tentação de emitir contratos fraudulentos. Além disso, uma vez introduzidos os elementos fiduciários, a tentação para que o próprio governo emita moeda fiduciária é quase irresistível. Na prática, portanto, os padrões de commodities tendem a se tornar padrões mistos envolvendo ampla intervenção do Estado.

Deve-se notar que, apesar de toda falação a favor, quase ninguém hoje deseja literalmente um padrão-ouro total e verdadeiro. As pessoas que dizem que querem um padrão-ouro estão quase sempre falando do tipo atual de padrão, ou do que foi mantido na década de 1930, isto é, um padrão-ouro administrado por um banco central, ou outro órgão governamental, que detém uma pequena quantidade de ouro como "lastro" — para usar um termo muito enganador — da moeda fiduciária. Alguns vão mais longe, a ponto de preferirem o tipo de padrão mantido na década de 1920, em que havia uma circulação de ouro literal ou certificados de ouro como moeda corrente — um padrão em moeda de ouro —, mas mesmo essas pessoas preferiam a coexistência da moeda fiduciária do governo com o ouro, mais os depósitos emitidos por bancos detentores de reservas fracionárias em ouro ou moeda fiduciária. Mesmo durante os chamados bons tempos do padrão-ouro do século XIX, quando se supunha que o Banco da Inglaterra administrava a situação criteriosamente, o sistema monetário estava longe de ser um padrão-ouro totalmente automático. Mesmo naquela época, era um padrão altamente administrado. E a situação hoje sem dúvida é ainda mais extrema por consequência da visão, adotada por diversos países, de que o governo é responsável pelo "pleno emprego".

Minha conclusão é que um padrão automático de commodity não é uma solução viável nem desejável para o problema de estabelecer regimes monetários em uma sociedade livre. Não é desejável porque envolveria um grande custo na forma de recursos usados para produzir a commodity monetária. Não é viável porque a mitologia e as crenças necessárias para torná-lo eficaz não existem.

Essa conclusão se baseia não apenas na evidência histórica geral mencionada, mas também na experiência específica dos Estados Unidos. Desde 1879, quando retomou os pagamentos em ouro após a Guerra Civil, até 1913, o país adotava o padrão-ouro. Embora mais próximo de um padrão-ouro totalmente automático do que em qualquer outra época desde o final da Primeira Guerra Mundial, ainda estava longe de ser 100% padrão-ouro. O governo emitiu papel-moeda, e os bancos privados emitiram a maior parte do meio efetivo circulante no país na forma de depósitos; as operações bancárias eram estritamente regulamentadas por agências governamentais — os bancos nacionais, pela Controladoria da Moeda; os bancos estaduais, por autoridades bancárias estaduais. O ouro, quer de posse do Tesouro, quer dos bancos ou diretamente dos indivíduos, como moedas ou certificados de ouro, representava entre 10% e 20% do estoque de moeda, sendo que a porcentagem exata variava de ano em ano. Os 80% a 90% restantes consistiam de prata, moeda fiduciária e depósitos bancários sem lastro nas reservas de ouro.

Em retrospectiva, pode parecer que o sistema funcionou razoavelmente bem. Para os americanos da época, claramente não funcionou. A agitação em torno da prata na década de 1880, culminando no discurso da "Cruz de Ouro", de Bryan, que deu o tom para a eleição de 1896, era um sinal de insatisfação. Por sua vez, a agitação foi largamente responsável pelos anos de grave depressão no início da década de 1890. A questão levou a temores generalizados de que os Estados Unidos ficariam sem ouro e que, portanto, o dólar perderia valor em relação a moedas estrangeiras. Isso provocou fuga do dólar e saída de capitais, o que resultou em deflação.

As sucessivas crises financeiras de 1873, 1884, 1890 e 1893 produziram, por parte da comunidade empresarial e bancária, pressão generalizada por uma reforma bancária. O pânico de 1907, envolvendo a recusa acordada dos bancos em converter depósitos em moeda sob demanda, finalmente cristalizou o sentimento de insatisfação com o sistema financeiro em uma reivindicação urgente para que o governo tomasse uma atitude. Uma Comissão Monetária Nacional foi estabelecida pelo Congresso, e suas recomendações, relatadas em 1910, foram incorporadas na Lei da Reserva Federal, aprovada em 1913. As reformas nos moldes da Lei da Reserva Federal tiveram o apoio de todos os setores da comunidade, desde as classes trabalhadoras até os banqueiros, e de ambos os partidos políticos. O presidente da Comissão Monetária Nacional era um republicano, Nelson W. Aldrich; o senador que foi o principal responsável pela proposição da lei era um democrata, Carter W. Glass.

A mudança no regime monetário introduzida pela Lei da Reserva Federal revelou-se, na prática, muito mais drástica do que pretendiam seus autores ou defensores. Na época em que a lei foi aprovada, prevalecia um padrão-ouro em todo o mundo — não era inteiramente automático, mas foi o que mais se aproximou desse ideal entre tudo o que até então já tínhamos vivenciado. Acreditava-se que esse padrão continuaria assim e, portanto, conteria ao máximo os poderes da Reserva Federal. Tão logo a lei foi aprovada, estourou a Primeira Guerra Mundial. Houve um abandono em grande escala do padrão-ouro. Ao final da guerra, a Reserva Federal não era mais um simples coadjuvante do padrão-ouro, criado para garantir a conversibilidade de uma forma de dinheiro em outras, bem como para regular e supervisionar os bancos. Tornou-se uma autoridade discricionária poderosa capaz de determinar a quantidade de dinheiro nos Estados Unidos e afetar as condições financeiras internacionais de todo o mundo.

## Uma autoridade monetária discricionária

A criação do Sistema da Reserva Federal foi a mudança mais notável nas instituições monetárias dos Estados Unidos desde, pelo menos, a Lei do Sistema Bancário Nacional, promulgada durante a Guerra Civil. Pela primeira vez desde o vencimento da carta patente do Segundo Banco dos Estados Unidos, em 1836, um órgão oficial independente foi instituído com a responsabilidade explícita de zelar pelas condições monetárias, supostamente revestido de poder adequado para alcançar a estabilidade monetária ou, pelo menos, evitar uma instabilidade aguda. Portanto, é instrutivo comparar a experiência como um todo, antes e depois de sua criação; consideremos dois períodos de igual duração, o primeiro do fim da Guerra Civil até 1914, e o segundo de 1914 até o ano da primeira edição deste livro.

O segundo período foi, com certeza, o mais instável economicamente, e a instabilidade pode ser medida pelas flutuações no estoque de moeda, nos preços ou na produção. Em parte, a maior instabilidade durante o segundo período reflete o efeito de duas guerras mundiais, que teriam sido fonte de instabilidade qualquer que fosse o sistema monetário do país. Mas, mesmo desconsiderando a guerra e os anos mais imediatos do pós-guerra, pensando apenas nos anos de paz, digamos, de 1920 até 1939 e de 1947 até o momento, o resultado é o mesmo. O estoque de moeda, os preços e a produção ficaram claramente mais instáveis após a criação do Sistema da Reserva Federal. O período mais dramático de instabilidade na produção foi, naturalmente, o período entreguerras que inclui as severas contrações de 1920-21, 1929-33 e 1937-38. Nenhum outro período de vinte anos na história americana chegou a ter três contrações tão severas.

Essa comparação grosseira, é claro, não prova que o Sistema da Reserva Federal não tenha contribuído para a estabilidade monetária. Talvez os problemas que o sistema precisou enfrentar fossem mais graves do que aqueles que haviam afetado a estrutura monetária anterior. Talvez esses problemas tivessem produzido um grau ainda maior de instabilidade monetária sob os sistemas anteriores. Mas a comparação grosseira serve, ao menos, para dar ao leitor uma pausa antes de pressupor, como tantas vezes se faz, que um órgão governamental tão poderoso e universal quanto o Sistema da Reserva Federal desempenhe uma função necessária e desejável e contribua para a realização dos objetivos para os quais foi criado.

Estou convencido, com base em extenso estudo das evidências históricas, de que a diferença na estabilidade econômica revelada pela comparação grosseira é de fato atribuível à diferença entre as instituições monetárias. Essas evidências me convencem de que: pelo menos um terço do aumento de preço durante e logo após a Primeira Guerra Mundial é atribuível à criação do Sistema da Reserva Federal e não teria ocorrido se o sistema bancário anterior tivesse sido mantido; a gravidade de cada uma das grandes contrações — 1920-21, 1929-33 e 1937-38 — é diretamente atribuível a atuações e omissões das autoridades da Reserva Federal e não teria ocorrido em regimes monetários e bancários anteriores. Pode muito bem ter havido recessões nessas ou em outras ocasiões, mas é bastante improvável que qualquer uma delas tivesse evoluído até se tornar uma grande contração.

Claro que não há como apresentar essa evidência aqui.[2] No entanto, tendo em vista o impacto da Grande Depressão de 1929-33 na formação — ou, melhor dizendo, na deformação — de uma atitude geral em relação ao papel do governo nas questões econômicas, pode valer a pena demonstrar com mais detalhes o tipo de interpretação que as evidências nos sugerem sobre esse episódio.

Pelo seu caráter dramático, o colapso do mercado de ações em outubro de 1929, que encerrou o ciclo de alta do mercado de 1928 e 1929, é frequentemente considerado tanto o início quanto a principal causa direta da Grande Depressão. Nem uma coisa nem outra está correta. O auge dos negócios foi alcançado em meados de 1929, alguns meses antes do colapso. O pico pode muito bem ter ocorrido antes, em parte como o resultado de condições monetárias relativamente restritas impostas pelo Sistema da Reserva Federal na tentativa de conter a "especulação" — dessa forma indireta, o mercado de ações pode ter

---

2    Ver *A Program for Monetary Stability* [Um programa para a estabilidade monetária], de minha autoria, e *A Monetary History of the United States, 1867-1960* [Uma história monetária dos Estados Unidos, 1867-1960], de minha autoria com Anna J. Schwartz (publicado em 1963 pela Editora da Universidade de Princeton para o Departamento Nacional de Pesquisas Econômicas).

contribuído para provocar a contração. O colapso do mercado de ações, por sua vez, teve, sem dúvida, alguns efeitos indiretos sobre a confiança empresarial e a disposição dos indivíduos para gastar, o que exerceu uma influência depressiva sobre o curso dos negócios. Mas, por si mesmos, esses efeitos não poderiam ter produzido um colapso da atividade econômica. No máximo, teriam prolongado e aprofundado um pouco mais a contração em relação às recessões amenas de costume, que pontuaram o crescimento econômico americano ao longo da história; mas não teriam provocado a catástrofe que aconteceu.

Ao longo do primeiro ano, a retração não mostrou nenhuma das características especiais que dominariam seu curso posterior. O declínio econômico foi mais grave do que no primeiro ano da maioria das retrações, talvez em reação à quebra do mercado de ações, além das condições monetárias excepcionalmente restritivas que tinham sido mantidas desde meados de 1928. Mas não houve características qualitativamente diferentes, nenhum sinal de que iria degenerar em uma grande catástrofe. Exceto pelo ingênuo raciocínio *post hoc ergo propter hoc*, não há nada no quadro econômico, digamos, de setembro ou outubro de 1930, que possa ter tornado o declínio contínuo e drástico dos anos seguintes inevitável ou mesmo aumentado demais as chances de tudo aquilo ocorrer. Em retrospectiva, é claro que a Reserva Federal já deveria ter assumido outros comportamentos e que não deveria ter permitido que o estoque de moeda declinasse em quase 3% de agosto de 1929 a outubro de 1930 — um declínio maior do que o ocorrido nas mais graves das contrações anteriores. Embora tenha sido um erro, poderia ser desculpável, e com certeza não foi decisivo.

O caráter da contração mudou drasticamente em novembro de 1930, quando uma série de falências bancárias levou a corridas generalizadas aos bancos, ou seja, depositantes tentaram converter depósitos em moeda. O contágio se propagou de uma parte a outra do país e atingiu o clímax com a falência, em 11 de dezembro de 1930, do Banco dos Estados Unidos. Essa falência foi decisiva, não só porque o banco era um dos maiores do país, com mais de 200 milhões de dólares em depósitos, mas também porque, embora fosse um banco comercial comum, seu nome levou muita gente no país, e mais ainda no exterior, a considerá-lo um banco oficial.

Antes de outubro de 1930, não havia nenhum sinal de crise de liquidez, ou de qualquer perda de confiança nos bancos. Depois, no entanto, a economia foi afetada por crises de liquidez recorrentes. A onda de falências bancárias diminuiria um pouco para, então, retornar, pois algumas falências dramáticas ou outros acontecimentos produziriam uma nova perda de confiança no sistema bancário e mais corridas aos bancos. Esses fatos foram importantes, não só ou principalmente pelas falências dos bancos, mas também pelo efeito que tiveram sobre o estoque de moeda.

Em um sistema bancário de reserva fracionária como o nosso, é claro que o banco não tem um dólar de moeda (ou seu equivalente) para cada dólar depositado. É por isso que o termo "depósitos" é tão enganoso. Quando você deposita um dólar em dinheiro, o banco pode adicionar quinze ou vinte centavos ao dinheiro em espécie que tem; o resto vai ser emprestado a terceiros por outro canal. O tomador pode, por sua vez, redepositá-lo nesse ou noutro banco, e o processo se repete. O resultado é que, para cada dólar em espécie que o banco possui, há uma dívida de vários dólares em depósitos. Portanto, a quantidade de dinheiro em espécie, dentro do total que um banco retém — em espécie mais os depósitos — aumenta de acordo com a fração de seu dinheiro que o público está disposto a manter como depósito. Se todos os depositantes começam a tentar "sacar seu dinheiro", isso deve significar, portanto, um declínio na quantidade total de dinheiro, a menos que haja algum modo pelo qual se possa criar dinheiro adicional e um modo como os bancos possam obtê-lo. Caso contrário, um banco, ao tentar satisfazer seus depositantes, pressionará outros, solicitando empréstimos ou vendendo investimentos ou retirando seus depósitos. Esses outros bancos, por sua vez, exercerão pressão sobre outros. O ciclo vicioso, se puder prosseguir, cresce sozinho, uma vez que a tentativa dos bancos de obter dinheiro em espécie força a queda dos preços dos títulos, torna insolventes os bancos que estariam inteiramente seguros não fosse por isso, abala a confiança dos depositantes e reinicia o ciclo.

Foi exatamente essa situação que levou à corrida aos bancos sob o sistema bancário pré-Reserva Federal e a uma suspensão combinada da conversibilidade dos depósitos em moeda, como em 1907. Tal suspensão foi um passo drástico e, por um breve momento, piorou as coisas. Mas foi também uma medida terapêutica. Ela interrompeu o ciclo vicioso, evitando que o contágio se propagasse, impedindo que a falência de alguns bancos fizesse pressão sobre outros e levasse à falência bancos que, se não fossem afetados, estariam sólidos. Em poucas semanas ou meses, quando a situação se estabilizasse, a suspensão poderia ser retirada e a recuperação começaria sem contração monetária.

Como vimos, uma das principais razões para a criação do Sistema da Reserva Federal foi lidar com tal situação.

O sistema tinha o poder de criar mais dinheiro se houvesse uma demanda generalizada do público por moeda, em vez de depósitos, além de meios para disponibilizar o dinheiro para os bancos e assegurá-lo pelos ativos do banco. Dessa forma, esperava-se que qualquer ameaça de pânico pudesse ser evitada, que não haveria a necessidade de suspensão da conversibilidade dos depósitos em moeda e que os efeitos depressivos das crises monetárias pudessem ser totalmente evitados.

A primeira vez que esses poderes se tornaram necessários e, portanto, o primeiro teste de sua eficácia, foi em novembro e dezembro de 1930, em consequência das sucessivas falências bancárias já descritas. O Sistema da Reserva Federal falhou miseravelmente no teste. Fez pouco ou nada para propiciar liquidez ao sistema bancário, aparentemente considerando desnecessária qualquer ação especial com relação ao fechamento de bancos. Vale a pena enfatizar, no entanto, que a falha do sistema foi causada por falta de vontade, não de poder. Nessa ocasião, como nas que se seguiram, o sistema tinha amplo poder para fornecer aos bancos o dinheiro que os depositantes estavam demandando. Se isso tivesse sido feito, a sequência de fechamentos dos bancos teria sido interrompida e o desastre monetário, evitado.

A primeira onda de falências de bancos abrandou, e, no início de 1931, houve sinais de retorno da confiança. O Sistema da Reserva Federal aproveitou a oportunidade para reduzir seu próprio crédito pendente — ou seja, contrabalançou as forças naturalmente expansivas, adotando ações deflacionárias moderadas. Mesmo assim, houve sinais claros de melhora, não só no setor monetário, mas também em outras atividades econômicas. Os números dos primeiros quatro ou cinco meses de 1931, examinados sem referência ao que de fato ocorreu em seguida, apresentam todos os sinais do fim de um ciclo e do início de uma recuperação.

A tentativa de recuperação, porém, durou pouco. A repetição de erros por parte dos bancos deu início a uma nova série de corridas e desencadeou outro declínio do estoque de moeda. Mais uma vez, o Sistema da Reserva Federal se omitiu. Diante de um colapso sem precedentes do sistema bancário comercial, os registros do "credor de último recurso" mostram um *declínio* do montante de crédito disponibilizado para seus bancos membros.

Em setembro de 1931, a Grã-Bretanha saiu do padrão--ouro. Antes e depois disso, houve retiradas de ouro dos Estados Unidos. Embora o ouro estivesse fluindo para o país nos dois anos anteriores, e o estoque dos Estados Unidos e o índice de reserva de ouro da Reserva Federal estivessem em um nível mais alto, o sistema reagiu vigorosa e prontamente à drenagem externa como não tinha feito antes, quando houve a drenagem interna. Fez isso de um modo que com certeza intensificaria as dificuldades financeiras internas. Depois de mais de dois anos de severa contração econômica, a Reserva Federal elevou a taxa de desconto — a taxa de juros aplicada para conceder empréstimos aos bancos membros — de um modo mais repentino do que já fizera em toda a sua história. A medida estancou a retirada de ouro, mas também se seguiu de um aumento impressionante de falências bancárias e corrida aos bancos. Nos seis meses de agosto de 1931 a janeiro de 1932, cerca de um em cada dez bancos suspendeu as operações, e o total de depósitos em bancos comerciais caiu em torno de 15%.

Em 1932, uma reversão temporária da política envolvendo a compra de 1 bilhão de dólares em títulos do governo desacelerou o ritmo de declínio. Se essa medida tivesse sido tomada em 1931, quase com certeza teria bastado para evitar o desastre já descrito. Em 1932, era tarde demais para ser mais do que um paliativo e, quando a Reserva Federal recaiu na passividade, a melhora temporária foi seguida de um novo colapso, que terminou no Feriado Bancário de 1933 — quando todos os bancos nos Estados Unidos foram oficialmente fechados por mais de uma semana. Um sistema criado em grande parte para evitar uma suspensão temporária da conversibilidade dos depósitos em moeda — medida que antes havia impedido os bancos de quebrarem — primeiro levou ao fim de quase um terço dos bancos do país e, em seguida, aprovou a suspensão da convertibilidade, uma medida incomparavelmente mais abrangente e severa do que qualquer suspensão anterior. No entanto, como é grande a capacidade de autojustificação, o Conselho da Reserva Federal expressou, em seu relatório anual de 1933: "A capacidade dos bancos da Reserva Federal de atender à enorme demanda por moeda durante a crise demonstrou a eficácia do sistema monetário do país sob a Lei da Reserva Federal. [...] É difícil dizer que rumo a depressão teria tomado se o Sistema da Reserva Federal não tivesse seguido uma política liberal de compras no mercado aberto."

Em resumo, de julho de 1929 a março de 1933, o estoque de moeda nos Estados Unidos caiu um terço, e mais de dois terços do declínio ocorreram depois que a Inglaterra abandonou o padrão-ouro. Se a queda do estoque de moeda tivesse sido impedida, como sem dúvida poderia e deveria ter ocorrido, a retração teria sido mais breve e suave.

Poderia até ter sido relativamente grave para os padrões históricos. Mas é literalmente inconcebível que a renda monetária pudesse cair mais da metade e os preços mais de um terço no decorrer de quatro anos se não tivesse havido queda no estoque de moeda. Não sei de nenhuma depressão grave em país algum em qualquer época que não tenha sido seguida por um forte declínio no estoque de moeda; também não sei de um declínio acentuado no estoque de moeda que não tenha sido seguido por uma depressão profunda.

A Grande Depressão nos Estados Unidos, longe de ser um sinal da instabilidade inerente ao sistema da iniciativa privada, é a prova do dano que pode ser causado pelos erros de alguns poucos homens que detêm grande poder sobre o sistema monetário de um país.

Pode ser que esses erros fossem desculpáveis com base no conhecimento disponível para os homens da época — embora eu não concorde com isso. Mas, de fato, é irrelevante. Qualquer sistema que dê tanto poder e tanto arbítrio a alguns homens cujos erros — desculpáveis ou não — podem ter efeitos de tamanho alcance é um sistema ruim. É um sistema ruim para quem acredita na liberdade simplesmente porque dá a alguns homens um grande poder sem qualquer controle efetivo por parte do corpo político — esse é o principal argumento político contra um banco central "independente". Mas também é um sistema ruim para quem põe a segurança acima da liberdade. Erros, desculpáveis ou não, não podem ser evitados em um sistema que dilui a responsabilidade e, ainda assim, deposita grande poder nas mãos de uns poucos homens, pois torna, desse modo, atitudes políticas importantes altamente dependentes de contingências de personalidade.

Esse é o principal argumento técnico contra um banco "independente". Parafraseando Clemenceau, a moeda é um assunto sério demais para ser deixado nas mãos dos que dirigem os bancos centrais.

## Normas em vez de autoridades

Se não conseguimos alcançar nossos objetivos com o estabelecimento de um padrão-ouro totalmente automático nem concedendo amplo poder de decisão a autoridades independentes, como podemos estabelecer um sistema monetário estável e, ao mesmo tempo, livre da atuação irresponsável do governo; um sistema que proporcione a estrutura monetária necessária para uma economia da livre iniciativa, mas que não possa ser usado como uma fonte de poder para ameaçar a liberdade econômica e política?

A única forma a abrir uma perspectiva é a sugestão de tentar alcançar um governo das leis, e não dos homens, aprovando normas para a condução da política monetária que terão o efeito de permitir que o público exerça o controle por meio de suas autoridades políticas, mas que a manterão livre dos caprichos das autoridades políticas.

A questão de legislar normas de política monetária tem relação com um tópico que, à primeira vista, não parece relacionado, isto é, o do argumento com base na primeira emenda à Constituição. Quando alguém sugere ser conveniente a existência de uma norma legislativa para controlar a moeda, a resposta clássica é que faz pouco sentido atar as mãos da autoridade monetária dessa forma, pois, sempre que a autoridade quiser, poderá fazer, por conta própria, o que seria estabelecido pela norma. Além disso, há alternativas, de modo que "certamente" uma autoridade monetária poderá agir melhor do que a norma. Outra versão do mesmo argumento é aplicada ao legislativo. Se a legislatura estiver disposta a adotar a norma, "certamente" também estará disposta a legislar a política "correta" para cada caso específico. Como, então, conforme se afirma, a adoção da norma proporcionaria proteção contra a ação política irresponsável?

O mesmo argumento pode ser aplicado com pequenas alterações verbais na primeira emenda à Constituição e em toda a Declaração dos Direitos. Talvez alguém se pergunte: não é um absurdo que haja uma norma proibindo a interferência na liberdade de expressão? Por que não considerar cada caso separadamente e tratá-lo de acordo com seus próprios méritos? Não seria isso a contrapartida do argumento usual na política monetária, segundo o qual é indesejável atar as mãos da autoridade monetária antecipadamente, e para o qual ela deve ter a liberdade para lidar com cada caso que surge de acordo com seus méritos? Por que o argumento não é igualmente válido para a liberdade de expressão? Uma pessoa quer ficar em uma esquina defendendo o controle da natalidade; outra, o comunismo; uma terceira, o vegetarianismo, e assim por diante, *ad infinitum*. Por que não promulgar uma lei permitindo ou negando a cada um o direito de divulgar seus pontos de vista particulares? Ou então por que não dar a um órgão administrativo o poder de decidir a questão? Fica logo claro que, se devêssemos considerar cada caso conforme fosse apresentado, a maioria quase certamente votaria sempre negando a liberdade de expressão, e talvez até mesmo em todos os casos considerados separadamente. Uma votação que tivesse como tema o Sr. X fazer ou não propaganda do controle da natalidade quase certamente resultaria em uma maioria de votos "não"; o mesmo aconteceria quanto ao comunismo. O vegetariano talvez conseguisse a permissão, embora nem mesmo essa seja uma conclusão óbvia.

Agora suponha que todos esses casos fossem agrupados em um só pacote, e a população em geral fosse convidada a votar neles como um todo; decidir pelo voto se a liberdade de expressão deve ser negada ou permitida em todos os casos. É perfeitamente concebível e, eu diria, altamente provável que uma esmagadora maioria votasse pela liberdade de expressão; que, ao olhar o pacote como um todo, as pessoas votassem exatamente ao contrário de como teriam votado em cada caso individual. Por quê? Um dos motivos é que cada pessoa sente muito mais fortemente a privação de seu direito à liberdade de expressão quando está em uma minoria do que, estando em maioria, ao privar outra pessoa desse mesmo direito. Em consequência, ao votar no pacote como um todo, damos muito mais peso à negação infrequente da liberdade de expressão quando estamos em minoria do que à negação frequente da liberdade de expressão aos outros.

Outro motivo, mais diretamente relevante para a política monetária, é que, se o pacote for visto como um todo, fica claro que a política estabelecida tem efeitos cumulativos que tendem a não ser reconhecidos nem considerados quando cada caso é analisado em separado. Quando uma votação decide se o Sr. Jones pode falar na esquina, não pode considerar, ao mesmo tempo, os efeitos favoráveis de uma política geral de liberdade de expressão anunciada. Não pode levar em conta o fato de que uma sociedade na qual as pessoas não têm liberdade de expressão na esquina sem uma legislação específica é uma sociedade na qual o desenvolvimento de novas ideias, experimentações, mudanças e questões semelhantes será dificultado pelos mais diversos modos que são óbvios para todos, graças à nossa sorte de termos vivido em uma sociedade que adotou a norma autorregulamentadora de não considerar cada uso da palavra separadamente.

As mesmas considerações se aplicam na área monetária. Se cada caso for considerado em seu mérito, é provável que o resultado mais comum seja uma decisão errada, pois os tomadores de decisão examinarão apenas uma área limitada e não levarão em conta as consequências cumulativas da política como um todo. Por outro lado, se uma norma geral for adotada para um conjunto de casos, a existência dessa norma tem efeitos favoráveis nas atitudes, crenças e expectativas, o que não ocorreria se exatamente a mesma política fosse adotada de modo discricionário em uma série de ocasiões separadas.

Se uma norma deve ser legislada, qual deve ser? A norma que tem sido sugerida com mais frequência por pessoas de uma convicção geral liberal é aquela para o nível de preços; ou seja, uma diretiva legislativa para que as autoridades monetárias mantenham um nível estável de preços. Acho que esse é o tipo errado de norma, pois, em termos de objetivos, as autoridades monetárias não têm o poder claro e direto de alcançá-los por suas próprias ações. Como consequência, surge o problema da dispersão de responsabilidades e de deixar às autoridades muita margem de manobra. Há, sem dúvida, relação estreita entre as ações monetárias e o nível de preços. Mas a relação não é tão estreita, invariável ou direta a ponto de que o objetivo de alcançar uma estabilidade no nível dos preços seja um norte adequado para as atividades diárias das autoridades.

Já considerei longamente em outro texto[3] a questão de qual norma adotar, portanto, vou me limitar aqui a declarar minha conclusão. No estado atual de nosso conhecimento, parece desejável estabelecer a norma em termos do comportamento do estoque de moeda. Minha escolha no momento seria a aprovação, pelos legisladores, de uma norma que instrua a autoridade monetária a atingir uma determinada taxa de crescimento do estoque de moeda. Para tanto, eu incluiria a moeda que está fora dos bancos comerciais, além de todos os depósitos dos bancos comerciais, na definição do estoque de moeda. E especificaria que o Sistema da Reserva Federal deve garantir que o estoque total de moeda aumente mês a mês e, de fato, na medida do possível, dia a dia, a uma taxa anual de X por cento, onde X é algum número entre 3 e 5. A definição precisa da moeda adotada ou da taxa de crescimento escolhida faz muito menos diferença do que a escolha específica de determinada definição e taxa de crescimento.

Como as coisas estão, embora essa norma possa reduzir drasticamente o poder discricionário das autoridades monetárias, deixaria ainda uma quantidade indesejável de discricionariedade nas mãos da Reserva Federal e das autoridades do Tesouro no que diz respeito a como atingir a taxa especificada de crescimento do estoque de moeda, gestão da dívida, supervisão bancária etc. Outras reformas bancárias e fiscais, que descrevi em detalhes em outra obra, são tão viáveis quanto desejáveis. Teriam o efeito de eliminar a atual intervenção governamental nos empréstimos e

---

3  FRIEDMAN, *op. cit.*, pp. 77-99.

investimentos e fazer com que as operações de financiamento governamentais, fonte perpétua de instabilidade e incerteza, passem a ser uma atividade razoavelmente regular e previsível. Mas, embora importantes, essas reformas adicionais são muito menos relevantes do que a adoção de uma norma que limite o poder de decisão das autoridades monetárias no que diz respeito ao estoque da moeda.

Gostaria de enfatizar que não considero minha proposta concreta o suprassumo da gestão monetária, uma regra a ser escrita em pedra e consagrada para todo o sempre. Parece-me ser a norma que melhor promete um grau razoável de estabilidade monetária à luz do nosso conhecimento atual. Espero que, à medida que façamos uso dela, aprendamos mais sobre questões monetárias e sejamos capazes de formular normas ainda melhores, que alcancem resultados ainda melhores. Tal norma parece-me o único dispositivo viável disponível hoje para que se converta a política monetária em um pilar de uma sociedade livre, em vez de uma ameaça aos seus fundamentos.

# CAPÍTULO 4
# ACORDOS FINANCEIROS
# E COMERCIAIS INTERNACIONAIS

O problema dos acordos monetários internacionais é a relação entre as diferentes moedas nacionais: as condições gerais sob as quais as pessoas podem converter dólares americanos em libras esterlinas, dólares canadenses em dólares americanos, e assim por diante. Esse problema está intimamente ligado ao controle da moeda discutido no capítulo anterior. Também está relacionado com as políticas governamentais sobre o comércio internacional, uma vez que o controle do comércio é uma técnica para afetar os pagamentos internacionais.

### A *importância dos acordos monetários internacionais para a liberdade econômica*

Apesar do caráter técnico e da complexidade proibitiva, os acordos monetários internacionais são uma questão que um liberal não pode se dar ao luxo de ignorar. Não é exagero dizer que a ameaça mais séria de curto prazo à liberdade econômica nos Estados Unidos hoje — exceto, é claro, a deflagração da Terceira Guerra Mundial — seja sermos levados a adotar controles econômicos de longo alcance com o intuito de "resolver" problemas no balanço de pagamentos. As interferências no comércio internacional parecem inócuas; pode-se obter o apoio de pessoas que, em outras circunstâncias, estariam apreensivas com a interferência do governo nos assuntos econômicos; muitos empresários até as consideram parte do "american way of life", o estilo de vida americano; no entanto, poucas interferências são capazes de ter um alcance tão grande e, em última análise, ser tão destrutivas para a livre iniciativa. Há experiências suficientes mostrando que o modo mais eficaz de converter uma economia de mercado em uma sociedade econômica autoritária é começar a impor controles diretos sobre o mercado de câmbio. Esse passo leva, inevitavelmente, ao racionamento das importações, ao controle da produção nacional que utiliza produtos importados ou produz substitutos para as importações, e assim por diante, em uma espiral sem fim. Apesar disso, até um defensor convicto do livre empreendedorismo como o senador Barry Goldwater, ao discutir o chamado "fluxo do ouro", por vezes foi levado a sugerir que as restrições às transações em moeda estrangeira podem ser uma "cura" necessária. Essa "cura" seria muito pior do que a doença.

É raro haver algo de fato novo sob o sol em política econômica, pois o supostamente novo costuma ser o que foi descartado em um século anterior, mas com um frágil disfarce. Entretanto, a menos que eu esteja enganado, o controle total do câmbio e a chamada "inconversibilidade de moedas" são uma exceção, e sua origem revela sua promessa autoritária. Pelo que sei, foram inventados por Hjalmar Schacht nos primeiros anos do regime nazista.

Em muitas ocasiões no passado, naturalmente, as moedas eram descritas como inconversíveis. Mas o que isso significava era que o governo da época relutava ou era incapaz de converter papel-moeda em ouro ou prata, ou qualquer que fosse a commodity monetária, à taxa estipulada pela lei. Quase nunca significava que o país proibia seus cidadãos ou residentes de trocar pedaços de papel na promessa de pagar quantias especificadas na unidade monetária desse país por pedaços correspondentes de papel expressos na unidade monetária de outro país — ou, com o mesmo propósito, por moeda ou barra de metal precioso. Durante a Guerra Civil nos Estados Unidos e por uma década e meia depois, por exemplo, a moeda norte-americana era inconversível no sentido de que o detentor de um dólar não poderia entregá-lo ao Tesouro e obter uma quantia determinada de ouro em troca. Mas, ao longo de todo esse período, tinha a liberdade de comprar ouro a preço de mercado ou comprar e vender libras esterlinas em troca de dólares americanos por qualquer preço mutuamente aceitável para as partes.

Nos Estados Unidos, o dólar era inconversível no sentido antigo desde 1933. Para os cidadãos americanos, era ilegal possuir ouro ou comprar e vender ouro. O dólar não era inconversível no sentido mais recente. Mas, infelizmente, parece que estamos adotando políticas que têm grande probabilidade, mais cedo ou mais tarde, de nos conduzir nessa direção.

## O papel do ouro no sistema monetário americano

Apenas por atraso cultural ainda pensamos no ouro como elemento central de nosso sistema monetário.

Uma descrição mais precisa do papel do ouro na política norte-americana é que é basicamente uma commodity cujo preço é subsidiado, como o trigo ou outros produtos agrícolas. Nosso programa de subsídios para o ouro difere em três aspectos importantes de nosso programa de subsídios para o trigo: primeiro, pagamos o preço subsidiado tanto aos produtores estrangeiros quanto aos nacionais; em segundo lugar, vendemos livremente conforme o preço subsidiado apenas para compradores estrangeiros e não para os nacionais; em terceiro, e o que de fato importa no papel do ouro, o Tesouro está autorizado a criar moeda para pagar o ouro que compra — imprimir papel-moeda, em outras palavras —, de modo que as despesas com a compra do ouro não apareçam no orçamento, e as quantias necessárias não precisem ser explicitamente designadas pelo Congresso. Da mesma forma, quando o Tesouro vende ouro, os registros mostram simplesmente uma redução dos certificados de ouro, não um recibo que entra no orçamento.

Quando o preço do ouro foi estabelecido no nível atual de 35 dólares a onça, em 1934, o valor estava bem acima do preço do ouro no livre mercado. Em consequência, o ouro inundou os Estados Unidos, nosso estoque triplicou em seis anos, e chegamos a manter bem mais da metade do estoque de ouro do mundo. Acumulamos um "excedente" de ouro pelo mesmo motivo que acumulamos um "excedente" de trigo — porque o governo se ofereceu para pagar um preço mais alto do que o preço de mercado. Recentemente, a situação mudou. Embora o preço legalmente fixado do ouro tenha permanecido em 35 dólares, os preços de outras mercadorias dobraram ou triplicaram. Portanto, hoje, o valor de 35 dólares é menor do que seria o preço do livre mercado.[1] Em consequência, enfrentamos uma "escassez" em vez de um "excedente" pela mesma razão que os tetos de aluguel produzem inevitavelmente uma "escassez" de moradias — porque o governo está tentando manter o preço do ouro abaixo do preço de mercado.

O preço legal do ouro já deveria ter sido aumentado há muito tempo — assim como os preços do trigo tiveram aumento de tempos em tempos. Contudo, os principais produtores de ouro e, portanto, os maiores beneficiários de um aumento nesse preço são a Rússia Soviética e a África do Sul, os dois países com os quais os Estados Unidos têm menos afinidade política.

O controle governamental do preço do ouro, tanto quanto o controle de qualquer outro preço, é inconsistente com uma economia livre. Esse pseudo padrão-ouro deve ser distinguido com clareza do uso do ouro como moeda sob um verdadeiro padrão-ouro, que é inteiramente consistente com uma economia livre, embora não seja viável. Mais ainda do que a própria determinação do preço, as medidas associadas que o governo de Roosevelt adotou em 1933 e 1934, quando subiu o preço do ouro, representaram um abandono fundamental dos princípios liberais e criaram precedentes que voltaram a atormentar o mundo livre. Refiro-me à estatização do estoque de ouro, à proibição da posse privada de ouro para fins monetários e à revogação das cláusulas de ouro em contratos públicos e privados.

---

1 Atente-se ao fato de que este é um ponto sutil que depende do que é mantido constante na estimativa do preço de livre mercado, particularmente no que diz respeito ao papel monetário do ouro.

Em 1933 e no início de 1934, os detentores privados de ouro foram obrigados por lei a entregar seu ouro ao governo federal. Receberam uma compensação a um preço igual ao preço legal anterior, que na época estava claramente abaixo do valor de mercado. Para efetuar essa exigência, a propriedade privada de ouro nos Estados Unidos foi considerada ilegal, exceto para uso artístico. É difícil imaginar uma medida mais destrutiva dos princípios da propriedade privada em que se baseia uma sociedade da livre iniciativa. Não há diferença de princípios entre essa estatização do ouro a um preço artificialmente baixo e a estatização de terrenos e fábricas a um preço artificialmente baixo promovida por Fidel Castro. Com base em que princípios os Estados Unidos podem se opor a um tipo de estatização depois de ter promovido outro? No entanto, é tão grande a cegueira de alguns defensores da livre iniciativa com relação a qualquer coisa que diga respeito ao ouro que em, 1960, Henry Alexander, presidente da Morgan Guaranty Trust Company, que sucedeu a J. P. Morgan and Company, propôs que a proibição contra a propriedade privada de ouro pelos cidadãos norte-americanos se estendesse também ao ouro possuído no exterior! E sua proposta foi adotada pelo presidente Eisenhower com quase nenhum protesto da comunidade bancária.

Embora racionalizada em termos de "preservação" do ouro para uso monetário, a proibição da propriedade privada do ouro não foi promulgada para qualquer propósito monetário, bom ou mau. A estatização do ouro foi promulgada para permitir ao governo arrecadar todo o lucro do "papel" com o aumento do preço do ouro — ou, talvez, para impedir que particulares se beneficiassem disso.

ACORDOS FINANCEIROS E COMERCIAIS INTERNACIONAIS     119

A revogação das cláusulas do ouro tinha um propósito semelhante. E essa também foi uma medida destrutiva para os princípios básicos da livre empresa. Os contratos celebrados de boa-fé e com pleno conhecimento de ambas as partes foram declarados inválidos em benefício de uma das partes!

## Transações correntes e fuga de capital

Quando discutimos as relações monetárias internacionais em um nível mais geral, é preciso distinguir dois problemas bastante diferentes: o balanço de pagamentos e o perigo de uma corrida ao ouro. A diferença entre os problemas pode ser ilustrada considerando-se a analogia de um banco comercial comum. O banco deve organizar seus negócios de forma a receber pagamentos como taxas de serviço, juros sobre empréstimos, e assim por diante, em quantidade suficiente para pagar as despesas com salários e vencimentos, juros sobre empréstimos contraídos, custo de suprimentos, rendimentos aos acionistas etc. Deve se esforçar, portanto, para manter uma demonstração saudável de resultado do exercício. Mas mesmo um banco com uma boa demonstração de resultado do exercício pode ter sérios problemas se, por qualquer motivo, seus depositantes vierem a perder a confiança e, de repente, passarem a retirar seus depósitos em massa. Muitos bancos sólidos foram forçados a fechar as portas por corridas desse porte durante a crise de liquidez descrita no capítulo anterior.

É claro que esses dois problemas não são independentes. Uma razão importante pela qual os depositantes de um banco podem perder a confiança é o fato de o banco apresentar prejuízos na demonstração de resultado. No entanto, os dois problemas também são muito diferentes. Por um lado, os problemas na demonstração de resultado costumam demorar a surgir, e há tempo suficiente para resolvê-los. Raramente vêm como surpresas repentinas. Uma corrida, por outro lado, pode surgir repentina e imprevisivelmente.

A situação dos Estados Unidos é paralela a essa. Residentes dos Estados Unidos e o próprio governo estão tentando comprar moedas estrangeiras com dólares para adquirir bens e serviços em outros países, investir em empresas estrangeiras, pagar juros sobre dívidas, pagar empréstimos ou dar presentes a outras partes, sejam a terceiros ou pessoas públicas. Ao mesmo tempo, os estrangeiros estão tentando adquirir dólares com moedas estrangeiras para finalidades equivalentes. Depois do evento, a quantia em dólares gasta em moeda estrangeira será exatamente igual à quantia em dólares comprada em moeda estrangeira — assim como a quantidade de pares de sapatos vendidos é exatamente igual à quantidade de sapatos comprados. Como aritmética é aritmética, uma compra equivale a uma venda. Mas nada pode assegurar que, *a um determinado preço de moeda estrangeira em termos de dólares*, a quantia em dólares que alguns estão dispostos a gastar será igual à quantia que outras pessoas estarão dispostas a comprar — assim como nada pode garantir que, *a um determinado preço de sapatos*, o número de pares de sapatos que as pessoas queiram comprar seja exatamente igual ao número de pares disponíveis para vender. A igualdade *ex post* reflete um mecanismo que elimina qualquer discrepância *ex ante*. A dificuldade de conseguir um mecanismo

ACORDOS FINANCEIROS E COMERCIAIS INTERNACIONAIS

apropriado para essa finalidade é a contrapartida do problema do banco com a demonstração do resultado do exercício.

Para completar, os Estados Unidos têm um problema parecido com a dificuldade do banco de evitar uma corrida às agências. O país está empenhado em vender ouro para bancos centrais e governos estrangeiros a 35 dólares a onça. Os bancos centrais, governos e residentes estrangeiros detêm grandes recursos no país na forma de conta-poupança ou títulos que podem ser prontamente vendidos em troca de dólares. A qualquer momento, os detentores desses saldos podem iniciar uma corrida ao Tesouro norte-americano tentando converter em ouro seus saldos em dólares. Foi exatamente isso o que aconteceu no outono de 1960, e é muito provável que aconteça de novo em alguma data imprevisível no futuro (talvez antes mesmo da impressão deste livro).

Esses problemas estão relacionados de duas formas. Primeiro que, para um banco, as dificuldades na demonstração do resultado do exercício são uma causa importante da perda de confiança na capacidade do país de honrar sua promessa de vender ouro a 35 dólares a onça. O fato de que os Estados Unidos têm precisado fazer empréstimos no exterior para ter saldo em conta é uma das principais razões pelas quais os detentores de dólares estão interessados em convertê-los em ouro ou outras moedas. Segundo que o preço estabelecido para o ouro é o recurso que adotamos para atrelar outro conjunto de preços — o preço do dólar em termos de moedas estrangeiras —, e os fluxos de ouro são o recurso que adotamos para resolver discrepâncias *ex ante* no balanço de pagamentos.

## Mecanismos alternativos para encontrar equilíbrio nas transações internacionais

Podemos entender melhor essas duas relações se considerarmos a disponibilidade de mecanismos alternativos para atingir o equilíbrio nas transações — o primeiro e, em muitos aspectos, o mais fundamental dos dois problemas.

Suponhamos que, em termos gerais, as transações internacionais dos Estados Unidos estejam em situação de equilíbrio, e alguma coisa altere a situação. Digamos, uma redução na quantia em dólares que os estrangeiros querem comprar em comparação com a quantia em dólares que os residentes do país desejam vender; ou, por outra perspectiva, um aumento no valor da moeda estrangeira que os detentores de dólares querem comprar em comparação com o valor que os detentores da moeda estrangeira querem vender em troca de dólares. Ou seja, algo ameaça produzir um "déficit" nos pagamentos dos Estados Unidos. Isso pode ser resultado do aumento da eficiência na produção no exterior ou da diminuição da eficiência no país, do aumento dos gastos dos Estados Unidos com ajuda externa ou da redução da ajuda por parte de outros países, ou de um milhão de outras mudanças semelhantes que estão sempre ocorrendo.

Existem apenas quatro modos pelos quais um país pode se ajustar a tal distúrbio, e é possível usar algumas combinações:

1. As reservas americanas de moedas estrangeiras podem ser sacadas, ou a reserva internacional de moeda dos Estados Unidos pode ser aumentada. Na prática, isso significa que o governo americano pode deixar seu estoque

de ouro cair, uma vez que o ouro pode ser trocado por moedas estrangeiras, ou fazer empréstimo de moedas estrangeiras e disponibilizá-las para troca por dólares a taxas de câmbio oficiais; ou governos estrangeiros podem acumular dólares com a venda de moedas estrangeiras para residentes nos Estados Unidos a taxas oficiais. A dependência de reservas é, obviamente, na melhor das hipóteses, um expediente temporário. Na verdade, o responsável pela grande preocupação com o balanço de pagamentos é justamente o uso intenso desse expediente pelos Estados Unidos.

2. Os preços internos nos Estados Unidos podem sofrer uma baixa com relação aos preços externos. Esse é o principal mecanismo de ajuste sob um padrão-ouro pleno. Um déficit inicial produziria uma saída de ouro (como no mecanismo 1); a saída de ouro produziria um declínio no estoque de moeda; o declínio no estoque de moeda produziria uma queda nos preços e na renda interna. Ao mesmo tempo, o efeito inverso ocorreria no exterior: a entrada de ouro expandiria o estoque de moeda e, assim, aumentaria os preços e a renda. Preços mais baixos nos Estados Unidos e preços mais altos no exterior tornariam os produtos norte-americanos mais atrativos para os estrangeiros e, assim, aumentariam a quantia em dólares que eles poderiam comprar; ao mesmo tempo, as alterações de preço tornariam os bens estrangeiros menos atrativos para os residentes nos Estados Unidos e, em consequência, diminuiriam a quantia em dólares que eles poderiam vender. Os dois efeitos atuariam para reduzir o déficit e restabelecer o equilíbrio sem a necessidade de novos fluxos de ouro.

De acordo com o padrão moderno, esses efeitos não são automáticos. Os fluxos de ouro ainda podem ocorrer como o primeiro passo, mas não afetarão o estoque de moeda nem no país que perde nem no país que ganha ouro, a menos que as respectivas autoridades monetárias decidam que isso deva acontecer. Hoje, em todos os países, o banco central ou o Tesouro têm o poder de compensar a influência dos fluxos de ouro ou alterar o estoque de moeda sem esses fluxos. Portanto, esse mecanismo só será usado se as autoridades do país com déficit estiverem dispostas a produzir deflação, gerando desemprego, a fim de resolver o problema de pagamentos, ou se as autoridades do país com superávit estiverem dispostas a produzir inflação.

3. Os mesmos efeitos podem ser alcançados por meio de uma alteração nas taxas de câmbio, assim como nos preços domésticos. Por exemplo, suponha que, sob o mecanismo 2, o preço de determinado carro nos Estados Unidos caia 10%, de 2.800 dólares para 2.520 dólares. Se o valor da libra estiver em 2,80 dólares, isso significa que o preço na Grã-Bretanha (sem considerar o frete e outros encargos) cairia de 1.000 libras para 900 libras. A mesma queda no preço britânico ocorrerá sem qualquer alteração no preço dos Estados Unidos se o valor da libra subir de 2,80 dólares para 3,11 dólares. Antes, um britânico precisaria gastar 1.000 libras para conseguir 2.800 dólares. Agora, pode obter 2.800 dólares por apenas 900 libras. Ele não tomaria conhecimento da diferença entre essa redução de custo e a redução correspondente por meio de uma queda no preço americano sem uma alteração na taxa de câmbio.

Na prática, há diversas maneiras pelas quais a mudança nas taxas de câmbio pode ocorrer. Com as taxas de câmbio fixas que muitos países adotam, isso pode ocorrer por meio da desvalorização ou valorização, ou seja, uma declaração do governo de que está alterando o preço a

ACORDOS FINANCEIROS E COMERCIAIS INTERNACIONAIS

que se propõe indexar sua moeda. Como alternativa, a taxa de câmbio não precisa ser indexada. Pode ser uma taxa de mercado que muda a cada dia, como foi o caso do dólar canadense de 1950 a 1962. Se for uma taxa de mercado, pode ser uma verdadeira taxa de livre mercado, determinada principalmente por transações privadas, como foi, ao que parece, a taxa canadense de 1952 a 1961, ou pode ser manipulada pela especulação do governo, como aconteceu na Grã-Bretanha de 1931 a 1939 e no Canadá de 1950 a 1952 e de 1961 a 1962.

Dessas diversas técnicas, apenas a taxa de câmbio de flutuação livre é totalmente automática e livre de controle governamental.

4. Os ajustes produzidos pelos mecanismos 2 e 3 consistem em mudanças nos fluxos das commodities e serviços induzidas por variações tanto nos preços internos quanto nas taxas de câmbio. Já os controles diretos do governo ou interferências no comércio poderiam ser usados para reduzir as tentativas de gastos em dólares dos Estados Unidos e para expandir as receitas do país. As tarifas poderiam ser aumentadas para diminuir as importações, subsídios poderiam ser dados para estimular as exportações, cotas de importação poderiam ser impostas a uma variedade de bens, o investimento de capital no exterior, por cidadãos ou empresas dos Estados Unidos, poderia ser controlado, e assim por diante, até se ter toda uma parafernália de controles de câmbio. Nessa categoria, devem ser incluídos não apenas controles sobre atividades privadas, mas também mudanças nos programas do governo para fins de balanço de pagamentos. Destinatários de ajuda externa podem ser obrigados a gastar o auxílio nos Estados Unidos; as Forças Armadas podem adquirir bens no país a um custo maior,

em vez de no exterior, a fim de poupar "dólares" — na terminologia contraditória usada — e assim por diante, em uma variedade desconcertante.

O que importa notar é algum desses quatro modos será usado e tem de ser. A contabilidade de partidas dobradas deve estar equilibrada. As despesas devem ser iguais às receitas. A única pergunta é como.

Nossa propalada política nacional foi e continua sendo a de que não devemos fazer nenhuma dessas coisas. Em um discurso em dezembro de 1961, para a Associação Nacional de Fabricantes, o presidente Kennedy afirmou: "Este governo, portanto, durante seu mandato — e eu repito isso e o faço como uma declaração categórica —, não tem a intenção de impor controles de câmbio, desvalorizando o dólar, aumentando as barreiras comerciais ou sufocando nossa recuperação econômica." Por uma questão de lógica, isso nos deixa apenas duas possibilidades: fazer com que os outros países tomem as medidas necessárias, o que dificilmente será um recurso com o qual se pode contar; ou baixar as reservas, o que o presidente e outros membros do governo afirmaram repetidamente que não poderia continuar a ser feito. No entanto, a revista *Time* relata que a "promessa do presidente arrancou uma salva de palmas" dos empresários reunidos. No que diz respeito à nossa política anunciada, estamos como um homem cujo custo de vida ultrapassa sua renda e insiste que não pode ganhar mais, nem gastar menos, nem pedir emprestado, nem financiar o gasto excedente com seus ativos!

Por não estarmos dispostos a adotar nenhuma política coerente, nós e nossos parceiros comerciais — que também fingem ignorar a questão e, como nós, fazem declarações de avestruz — fomos forçosamente levados a recorrer a todos os quatro mecanismos. Nos primeiros anos do pós-guerra, as reservas dos Estados Unidos aumentaram; agora, têm diminuído. Acolhemos a inflação mais prontamente do que teríamos feito quando as reservas estavam aumentando e, desde 1958, temos sido mais deflacionários do que na fuga de ouro. Embora não tenhamos mudado o preço oficial de ouro que adotamos, nossos parceiros comerciais mudaram o deles, assim como, consequentemente, a taxa de câmbio entre sua moeda e o dólar, e a pressão dos Estados Unidos não esteve ausente na definição desses ajustes. Por fim, nossos parceiros comerciais usaram amplamente os controles diretos, e como, diferente deles, nos deparamos com déficits, também recorremos a uma ampla gama de interferências diretas nas despesas, desde a redução na quantidade de mercadorias estrangeiras que os turistas podem trazer sem pagar imposto — um passo trivial, mas altamente sintomático — até a exigência de que as despesas com ajuda externa sejam gastas nos Estados Unidos, o impedimento de que militares alocados no exterior levem também a família e o estabelecimento de cotas de importação de petróleo mais rígidas. Além disso, fomos levados à humilhação de pedir a governos estrangeiros que tomassem medidas especiais para fortalecer o balanço de pagamentos do nosso país.

Dos quatro mecanismos, o uso de controles diretos é claramente o pior, sob quase qualquer ponto de vista, e sem dúvida o mais destrutivo para uma sociedade livre. No entanto, em vez de adotarmos alguma política clara, temos sido levados a confiar cada vez mais em tais controles, de uma forma ou de outra. Pregamos publicamente as virtudes do livre comércio; no entanto, fomos forçados pela pressão inexorável do balanço de pagamentos a ir na direção oposta e corremos o risco de avançarmos ainda mais nessa direção. Podemos aprovar todas as leis imagináveis para reduzir as tarifas; o governo pode negociar o número que for de reduções tarifárias; no entanto, se não adotarmos um mecanismo alternativo para resolver os déficits do balanço de pagamentos, seremos levados a substituir um conjunto de impedimentos comerciais por outro — na realidade, substituir um conjunto melhor por um pior. Embora as tarifas sejam ruins, as cotas e outras interferências diretas são ainda piores. Uma tarifa, como um preço de mercado, é impessoal e não envolve interferência direta do governo nos negócios; uma cota provavelmente envolve alocação e outras interferências administrativas, além de dar aos administradores moedas de troca para repassar aos interesses privados. Talvez ainda piores do que as tarifas ou as cotas sejam os acordos extralegais, como o acordo "voluntário" do Japão para restringir as exportações de têxteis.

## Taxas de câmbio flutuantes: a solução da economia de mercado

Só há dois mecanismos consistentes com um mercado e um comércio livres. Um deles é o padrão-ouro internacional totalmente automático. Como vimos no capítulo anterior, isso não é viável nem desejável. De qualquer forma, não podemos adotá-lo por conta própria. O outro é um sistema de taxas de câmbio de livre flutuação determinadas no mercado por transações particulares sem intervenção do governo. Essa é a contrapartida da economia de mercado para o regime monetário preconizado no capítulo anterior. Se não a adotarmos, inevitavelmente deixaremos de expandir a área de livre comércio e, mais cedo ou mais tarde, seremos induzidos a impor controles diretos generalizados sobre o comércio. Nessa área, como em outras, as condições podem mudar — e mudam inesperadamente. Pode até ser que passemos pelas dificuldades que enfrentamos no momento em que este livro está sendo escrito (abril de 1962) e, de fato, nos encontremos depois em situação de superávit, em vez de déficit, acumulando reservas, em vez de perdê-las. Nesse caso, isso significará apenas que outros países estarão diante da necessidade de impor controles. Quando, em 1950, escrevi um artigo propondo um sistema de taxas de câmbio flutuantes, foi no contexto das dificuldades da Europa para enfrentar suas despesas, acompanhando a então alegada "escassez de dólares". Essa reviravolta sempre é possível. Na verdade, a própria dificuldade de prever quando e como as mudanças ocorrem é o argumento básico para um livre mercado. Nosso problema não é "resolver" *um* problema de balanço de pagamentos. É resolver *o* problema do balanço de pagamentos adotando um mecanismo que permitirá às forças do livre mercado dar uma resposta rápida, eficaz e automática a mudanças nas condições que afetam o comércio internacional.

Embora as taxas de câmbio de livre flutuação pareçam ser o mecanismo próprio da economia de mercado, contam com o apoio consistente de um número apenas razoavelmente pequeno de liberais, sobretudo economistas profissionais, e são combatidas por muitos liberais que rejeitam a intervenção e a fixação de preços pelo governo em quase todas as outras áreas. Por quê? A primeira razão é simplesmente a tirania do *status quo*. O segundo motivo é a confusão entre um verdadeiro padrão-ouro e um pseudo padrão-ouro. De acordo com um verdadeiro padrão-ouro, a relação dos preços de diferentes moedas nacionais em termos umas das outras seria quase rígida, pois as diferentes moedas seriam simplesmente nomes diferentes para diferentes quantidades de ouro. É fácil cometer o erro de supor que podemos obter a substância do verdadeiro padrão-ouro pela mera adoção da forma de uma reverência nominal ao ouro — a adoção de um pseudo padrão-ouro conforme o qual a relação dos preços das diferentes moedas nacionais em termos umas das outras é rígida apenas porque são preços indexados em mercados manipulados. A terceira razão é a tendência inevitável de que todos sejam a favor de um livre mercado para os outros, embora se considerem merecedores de tratamento especial. Isso afeta em particular os banqueiros no que diz respeito às taxas de câmbio. Eles gostam de ter um preço garantido. Além disso, não estão familiarizados com os dispositivos de mercado que surgiriam para lidar com as flutuações nas taxas de câmbio. Não existem empresas que se especializariam em especulação e arbitragem em um livre mercado para o câmbio. Essa é uma das maneiras pelas quais se impõe a tirania do *status quo*. No Canadá, por exemplo, alguns banqueiros, após uma década de taxa livre que lhes rendeu um *status quo* diferente, estavam na vanguarda entre os que defendiam que as coisas continuassem como estavam e se opunham a uma taxa fixa ou à manipulação da taxa pelo governo.

Mais importante do que qualquer uma dessas razões, acredito, é a interpretação errônea da experiência com taxas flutuantes, decorrente de uma falácia estatística que pode ser facilmente vista em um exemplo-padrão. O

Arizona é certamente o pior lugar para uma pessoa com tuberculose visitar nos Estados Unidos, porque a taxa de mortalidade pela doença no estado é a maior do país. A falácia nesse caso é óbvia. É menos óbvia em relação às taxas de câmbio. Quando se viram diante de graves dificuldades financeiras devido à má gestão da política monetária nacional, ou por qualquer outro motivo, os países precisaram recorrer a taxas de câmbio flexíveis. Nem o controle de câmbio nem restrições diretas ao comércio lhes permitiram indexar uma taxa de câmbio muito fora de sintonia com a realidade econômica. Em consequência, é inquestionável que as taxas de câmbio flutuantes têm sido frequentemente associadas à instabilidade financeira e econômica — como nas hiperinflações, ou hiperinflações severas, mas não graves, que ocorreram em muitos países sul-americanos. É fácil concluir, como muitos fizeram, que essa instabilidade é causada por taxas de câmbio flutuantes.

Ser a favor do câmbio flutuante não significa ser a favor de taxas de câmbio instáveis. Quando apoiamos um sistema de preços livres no país, isso não significa que somos a favor de um sistema em que os preços flutuam sem controle. O que queremos é um sistema em que os preços sejam livres para flutuar, mas no qual as forças dominantes sejam suficientemente estáveis, de maneira que os preços, de fato, oscilem em intervalos moderados. Isso também ocorre em um sistema de taxas de câmbio flutuantes. O objetivo final é um mundo em que as taxas de câmbio, ao mesmo tempo que livres para oscilar, sejam altamente estáveis porque as políticas e as condições econômicas básicas são estáveis. A instabilidade das taxas de câmbio é um sintoma de instabilidade na estrutura econômica.

A eliminação desse sintoma por medidas administrativas de congelamento das taxas de câmbio não resolve nenhuma das dificuldades subjacentes, apenas torna os ajustes mais dolorosos.

## As medidas políticas necessárias para uma economia de mercado do ouro e do câmbio

Pode ser útil, para expor em termos concretos as implicações dessa discussão, que eu especifique em detalhes as medidas que, acredito, os Estados Unidos deveriam tomar para promover um mercado verdadeiramente livre tanto do ouro quanto do câmbio.

1. Os Estados Unidos devem anunciar que não se comprometem mais a comprar ou vender ouro a qualquer preço fixo.
2. As leis atuais que proíbem as pessoas de possuir, comprar e vender ouro devem ser revogadas para que não haja restrições ao preço pelo qual o ouro pode ser comprado ou vendido em termos de qualquer outra mercadoria ou instrumento financeiro, incluindo moedas nacionais.
3. A lei que recomenda que o Sistema da Reserva Federal contenha certificados de ouro iguais a 25% do seu passivo deve ser revogada.
4. Um grande problema para se livrar do programa de sustentação de preço do ouro, assim como do trigo, é como fazer a transição, isto é, o que fazer com os estoques acumulados do governo. Em ambos os casos, minha opinião é a de que o governo deve restaurar o livre mercado imediatamente, instituindo as etapas 1 e 2, e, por fim, livrar-se de todos os seus estoques. No entanto, o governo provavelmente só aceitaria uma mudança gradual. Para o trigo, cinco anos sempre

me pareceu tempo suficiente, por isso sou a favor de que o governo se comprometa a se desfazer de um quinto de seus estoques em cada um desses cinco anos. Esse período também parece razoavelmente satisfatório para o ouro. Portanto, proponho que o governo leiloe seus estoques de ouro no livre mercado no período de cinco anos. Em um livre mercado de ouro, as pessoas poderiam, inclusive, julgar que os certificados de depósito de ouro são mais úteis do que o ouro real. Mas, nesse caso, a iniciativa privada certamente pode armazenar o ouro e emitir os certificados de depósito. Por que tais serviços deveriam estar a cargo de um setor estatizado?

5. Os Estados Unidos devem anunciar também que não oficializarão nenhuma taxa de câmbio entre o dólar e outras moedas e tampouco se envolverão em atividades especulativas ou destinadas a influenciar as taxas de câmbio. Estas seriam, então, determinadas pelos mercados livres.

6. Essas medidas entrariam em conflito com nossa obrigação formal como membro do Fundo Monetário Internacional (FMI) de especificar uma paridade oficial para o dólar. No entanto, o FMI concluiu que era possível conciliar a postura do Canadá de não especificar uma paridade para o dólar canadense com seus estatutos e que era possível aprovar uma taxa flutuante para o país. Não há razão para que não faça o mesmo com os Estados Unidos.

7. Outros países podem optar por atrelar suas moedas ao dólar. Isso é assunto deles, e não há razão para nos opormos, desde que não nos comprometamos a comprar ou vender sua moeda a um preço fixo. Eles só conseguirão atrelar sua moeda à nossa por meio de uma ou mais das medidas listadas anteriormente, utilizando ou acumulando reservas, coordenando sua política interna com a política dos Estados Unidos, apertando ou afrouxando os controles diretos sobre o comércio.

## Eliminar as restrições dos Estados Unidos ao comércio

Um sistema como o que acabamos de descrever resolveria o problema do balanço de pagamentos de uma vez por todas. Não poderia haver nenhum déficit que levasse altos funcionários do governo a pleitear o auxílio de países estrangeiros e bancos centrais, ou que exigisse que um presidente americano se comportasse como um banqueiro apavorado tentando restaurar a confiança em seu banco, ou que forçasse um governo que prega o livre comércio a impor restrições às importações ou sacrificar interesses nacionais e pessoais importantes à questão trivial do nome da moeda por meio da qual os pagamentos são realizados. As despesas seriam sempre equilibradas porque o preço — a taxa de câmbio — estaria livre para gerar equilíbrio. Ninguém conseguiria vender dólares se não encontrasse alguém para comprá-los e vice-versa.

Um sistema de taxas de câmbio flutuantes nos permitiria, portanto, um avanço eficaz e direto rumo ao comércio totalmente livre de bens e serviços — com exceção apenas das interferências deliberadas justificáveis estritamente em termos políticos e militares; por exemplo, a proibição da venda de bens estratégicos para países comunistas. Enquanto estivermos obstinados e comprometidos com a camisa de força das taxas de câmbio fixas, não avançaremos para o livre comércio. A possibilidade de tarifas ou controles diretos deve ser mantida como válvula de escape em caso de necessidade.

Um sistema de taxas de câmbio flutuantes tem a vantagem de tornar quase óbvia a falácia do argumento mais popular contra o livre comércio: o argumento de

ACORDOS FINANCEIROS E COMERCIAIS INTERNACIONAIS 135

que salários "baixos" em outros países tornam as tarifas necessárias para proteger os salários "altos" aqui. Os 100 ienes por hora que um trabalhador japonês recebe é um salário alto ou baixo em comparação com os 4 dólares por hora que um trabalhador americano recebe? Tudo depende da taxa de câmbio. O que determina a taxa de câmbio? A necessidade de equilibrar as despesas; ou seja, de quase igualar a quantia que podemos vender para os japoneses à quantia que eles podem nos vender.

Suponhamos, para simplificar, que o Japão e os Estados Unidos sejam os únicos países envolvidos no comércio e que, a uma certa taxa de câmbio, digamos 1.000 ienes por dólar, os japoneses consigam produzir cada artigo que possa entrar no comércio exterior de forma mais barata do que os Estados Unidos. Com essa taxa de câmbio, os japoneses poderiam nos vender muito, e nós não poderíamos vender nada para eles. Suponhamos que paguemos em cédulas de dólares. O que os exportadores japoneses fariam com essas cédulas? Não podem comê-las, usá-las nem viver nelas. Se quisessem simplesmente possuí-las, a empresa que imprime as cédulas de dólar seria uma excelente exportadora. Sua produção permitiria que todos tivéssemos as coisas boas da vida fornecidas quase de graça pelos japoneses.

Mas, é claro, os exportadores japoneses não iam querer ficar com os dólares; iriam vendê-los por ienes. Teoricamente, não há nada que possam comprar por 1 dólar que não possam comprar por menos do que os 1.000 ienes pelos quais o dólar supostamente seria trocado. Isso vale também para outros japoneses. Por que, então, qualquer detentor de ienes abriria mão de 1.000 ienes para ficar com 1 dólar que compraria menos artigos do que os 1.000 ienes? Ninguém o faria. Para que o exportador japonês troque seus dólares por ienes, teria de se propor a ficar com menos ienes — o preço do dólar em termos do iene deveria ser inferior a 1.000, ou o preço do iene em termos do dólar teria de ser mais do que um milésimo de dólar. Mas, a 500 ienes por dólar, os produtos japoneses são duas vezes mais caros para os americanos do que antes; os produtos americanos custam metade do preço dos produtos japoneses. Os japoneses já não conseguirão desvalorizar os preços dos produtores americanos em todos os itens.

Onde o preço do iene em termos do dólar pode ficar? Em qualquer nível necessário para assegurar que todos os exportadores que o desejem possam vender os dólares recebidos pelas mercadorias que exportam para os Estados Unidos aos importadores que os usam para comprar mercadorias dos Estados Unidos. *Grosso modo*, em qualquer nível necessário para garantir que o valor das exportações dos Estados Unidos (em dólares) seja igual ao valor das importações dos Estados Unidos (novamente em dólares). *Grosso modo* porque uma afirmação precisa deveria levar em consideração transações de capital, ofertas etc. Mas isso não altera o princípio central.

Deve-se notar que essa discussão não diz respeito ao nível de vida do trabalhador japonês ou americano. Isso é irrelevante. Se o japonês tem um padrão de vida inferior ao do americano, é porque é em média menos produtivo do que o americano, dado o preparo que tem, o montante de capital e terra e tudo o mais com o que tem de trabalhar. Se o americano é, digamos, em média quatro vezes mais produtivo que o japonês, é um desperdício usá-lo para produzir qualquer mercadoria em cuja produção ele é menos de quatro vezes mais produtivo. É melhor produzir os bens em que se é mais produtivo e comercializá-los

ACORDOS FINANCEIROS E COMERCIAIS INTERNACIONAIS 137

pelos bens nos quais se é menos produtivo. As tarifas não ajudam o trabalhador japonês a elevar seu padrão de vida nem protegem o alto padrão do trabalhador americano. Ao contrário, rebaixam o padrão japonês e impedem que o padrão americano seja tão elevado quanto poderia.

Supondo que devemos avançar para o comércio livre, como proceder? O método que tentou-se adotar é o da negociação recíproca de reduções tarifárias com outros países. Essa me parece uma conduta errada. Em primeiro lugar, é a garantia de um ritmo lento. Anda mais rápido quem anda sozinho. Em segundo lugar, dá uma visão errada do problema básico. Faz parecer que as tarifas ajudam o país que as impõe, mas prejudicam os outros, como se ao reduzir uma tarifa desistíssemos de algo bom, por isso devêssemos receber algo em troca na forma de uma redução das tarifas impostas pelos outros países. Na verdade, a situação é bem diferente. Nossas tarifas nos prejudicam tanto quanto a outros países. Seríamos beneficiados ao dispensar nossas tarifas, mesmo que outros países não o fizessem.[2] Obviamente, seríamos ainda mais beneficiados se eles reduzissem as deles, mas nosso benefício não requer isso. Os interesses próprios são coincidentes, não conflitantes.

Acredito que seria muito melhor passarmos para o livre comércio unilateralmente, como a Grã-Bretanha fez no século XIX, quando revogou as leis dos cereais. Como aconteceu com os britânicos, nós passaríamos por uma enorme elevação de poder político e econômico. Somos uma grande nação, e não nos cabe exigir benefícios recíprocos de Luxemburgo antes de reduzirmos uma tarifa

---

2  Existem exceções concebíveis para essas afirmações, mas, a meu ver, são curiosidades teóricas, não possibilidades práticas relevantes.

sobre os produtos luxemburgueses; ou desempregar milhares de refugiados chineses, repentinamente, por imposição de cotas de importação de têxteis de Hong Kong. Vamos viver de acordo com nosso destino e definir o ritmo, em vez de nos comportarmos como seguidores relutantes.

Falei em termos de tarifas para simplificar, mas, como já observamos, as restrições não tarifárias podem ser impedimentos ainda mais sérios ao comércio. Devemos banir ambos. Um programa rápido, porém gradual, seria aprovar uma lei em que todas as cotas de importação ou outras restrições quantitativas, quer impostas por nós, quer aceitas "voluntariamente" por outros países, sejam aumentadas em 20% ao ano até estarem tão altas que se tornem irrelevantes e possam ser abandonadas, e em que todas as tarifas sejam reduzidas em um décimo do nível atual a cada ano pelos próximos dez anos.

Poderíamos adotar algumas poucas medidas que contribuiriam mais para a promoção da causa da liberdade em nosso país e no exterior. Em vez de fazer doações a governos estrangeiros em nome da ajuda econômica — promovendo, assim, o socialismo — e, ao mesmo tempo, impor restrições aos produtos que esses países conseguem produzir — cerceando, portanto, a livre iniciativa —, poderíamos assumir uma postura consistente e baseada em princípios. Poderíamos dizer ao resto do mundo: acreditamos na liberdade e pretendemos praticá-la. Ninguém pode obrigar vocês a serem livres. Isso é com vocês. Mas podemos oferecer cooperação total em termos iguais para todos. Nosso mercado está aberto. Vendam aqui o que puderem e desejarem. Usem os rendimentos para comprar o que quiserem. Desse modo, a cooperação entre os indivíduos pode ser mundial e também livre.

# CAPÍTULO 5
# POLÍTICA FISCAL

Desde o New Deal, a principal desculpa para a expansão da atividade governamental em nível federal tem sido a suposta necessidade de usar recursos do governo para acabar com o desemprego. Essa desculpa passou por várias etapas. No início, esses gastos eram necessários para "injetar dinheiro". Gastos temporários impulsionariam a economia, e o governo, então, poderia sair de cena.

Como as despesas iniciais não eram suficientes para acabar com o desemprego e foram seguidas de uma forte contração econômica em 1937-38, a teoria da "estagnação secular" surgiu para justificar um nível permanentemente alto de gastos governamentais. A economia havia amadurecido, argumentava-se. As oportunidades de investimento tinham sido amplamente exploradas sem qualquer perspectiva de que novas oportunidades consideráveis surgissem. Mesmo assim, as pessoas ainda estavam dispostas a economizar. Portanto, era essencial que o governo gastasse e mantivesse um déficit perpétuo. Os títulos emitidos para financiar o déficit proporcionariam um modo de acumular poupança, e os gastos do governo gerariam empregos. Essa visão foi completamente desacreditada pela análise teórica e mais ainda pela experiência real, incluindo o surgimento de linhas novas de investimento privado jamais sonhadas pelos estagnacionistas seculares. No entanto, isso deixou um legado. Pode ser que ninguém aceite a ideia, mas os programas governamentais empreendidos a partir dessa noção, como alguns daqueles destinados a injetar dinheiro na economia, ainda estão entre nós e, de fato, são responsáveis por gastos governamentais cada vez maiores.

Recentemente, a ênfase nos gastos do governo não tem sido a injeção de dinheiro nem a contenção do espectro da estagnação secular, mas uma roda de equilíbrio. Quando as despesas privadas diminuem, por qualquer motivo que seja, alega-se que as despesas do governo devem aumentar para manter as despesas totais estáveis; inversamente, quando os gastos privados aumentam, os gastos do governo devem diminuir. Para nossa infelicidade, a roda de equilíbrio está desequilibrada. Cada recessão, por menor que seja, causa calafrios em legisladores e administradores politicamente sensíveis, com seu eterno medo de que talvez seja o prenúncio de uma outra grande crise como a de 1929-33. Eles se apressam a aprovar programas de gastos federais de um tipo ou de outro. Muitos desses programas só entram em vigor depois que a recessão já passou. Portanto, na medida em que afetam as despesas totais, sobre as quais voltarei a falar mais tarde, tendem a exacerbar a expansão subsequente, em vez de mitigar a recessão. A pressa com que os programas dispendiosos são aprovados não é a mesma com que são revogados nem com que outros são eliminados quando a recessão já passou e a expansão continua em marcha.

POLÍTICA FISCAL                                                    141

Ao contrário, argumenta-se que uma expansão "saudável" não deve ser "prejudicada" por cortes nos gastos governamentais. O principal dano causado pela teoria da roda de equilíbrio não é, portanto, o fracasso em acabar com as recessões — o que ocorreu — nem a introdução de um viés inflacionário na política governamental — o que também ocorreu —, e sim o fomento à expansão contínua na série de atividades governamentais em nível federal e o impedimento à redução da carga de tributos federais.

Tendo em vista a ênfase em usar o orçamento federal como instrumento de equilíbrio, é irônico que o componente mais instável da renda nacional no período pós-guerra tenham sido as despesas federais, e a instabilidade ajudou em nada no sentido de compensar movimentos de outros componentes de despesas. Longe de ser um instrumento de equilíbrio para compensar outras forças que contribuem para as flutuações, o orçamento federal tem sido uma grande fonte de perturbação e instabilidade.

Como suas despesas são uma parte tão grande do total para a economia geral, o governo federal não pode deixar de ter efeitos significativos na economia. O primeiro requisito é, portanto, que o governo conserte suas próprias cercas, adotando procedimentos que levem a uma estabilidade razoável de seu próprio fluxo de despesas. Se fizesse isso, daria uma contribuição evidente para reduzir os ajustes necessários ao restante da economia. Até que isso aconteça, é ridículo que funcionários do governo adotem o tom hipócrita do professor que quer manter na linha os alunos indisciplinados. Claro, não é surpresa nenhuma fazerem isso. Não reconhecer os erros e culpar os outros pelas próprias deficiências não são vícios exclusivos deles.

Mesmo que aceitássemos a visão de que o orçamento federal deveria e pode ser usado como um instrumento de equilíbrio — uma visão que abordarei com mais detalhes a seguir —, não há necessidade de usar o lado das despesas do orçamento para esse fim. O lado fiscal está igualmente disponível. O declínio da renda nacional reduz a arrecadação tributária do governo federal automaticamente e em maior proporção, o que coloca o orçamento na direção de um déficit ou, inversamente, durante um ciclo de alta. Caso se deseje fazer algo mais, os impostos podem ser reduzidos durante as recessões e aumentados durante as expansões. Claro, a política pode muito bem impor uma assimetria aqui também, tornando os declínios politicamente mais palatáveis do que os aumentos.

Se a teoria da roda de equilíbrio foi aplicada na prática no lado das despesas, foi por causa da existência de outras forças que contribuem para o aumento dos gastos do governo; em particular, a ampla aceitação, por intelectuais, da crença de que o governo deve desempenhar um papel mais importante em questões econômicas e privadas; ou seja, o triunfo da filosofia do Estado assistencialista. Tal filosofia encontrou um aliado útil na teoria da roda de equilíbrio; contribuiu para que a intervenção governamental se desse em um ritmo mais rápido do que, de outra forma, teria sido possível.

Tudo seria diferente se a teoria da roda de equilíbrio tivesse sido aplicada do lado fiscal, em vez do lado da despesa. Suponha que em cada recessão tivesse ocorrido um corte nos impostos e suponha que a impopularidade política de aumentar os impostos na fase subsequente de crescimento provocasse resistência a uma

POLÍTICA FISCAL

proposta de despesas com novos programas de governo e à redução dos existentes. Poderíamos estar em uma situação em que os gastos federais absorveriam bem menos da renda nacional, que seria maior por causa dos efeitos redutores e inibidores dos impostos.

Apresso-me a acrescentar que esse sonho não tem a intenção de mostrar apoio à teoria da roda de equilíbrio. Na prática, mesmo que os efeitos fossem na direção esperada conforme a teoria da roda de equilíbrio, estariam atrasados no tempo e na propagação. Para torná-los uma compensação eficaz de outras forças responsáveis por flutuações, teríamos que ser capazes de prever essas flutuações com bastante antecedência. Na política fiscal, assim como na monetária, à parte todas as considerações políticas, simplesmente não sabemos o suficiente para sermos capazes de usar as mudanças deliberadas na tributação ou nas despesas como um mecanismo sensível de estabilização. Ao tentarmos fazer isso, quase com certeza pioraremos as coisas. Pioraremos as coisas não por alguma perversidade consistente — o que seria facilmente resolvido fazendo o oposto do que a princípio parecia o certo. Pioraremos as coisas ao provocar um distúrbio aleatório que se soma a outros distúrbios. Ao que parece, foi isso o que fizemos no passado — além, é claro, dos grandes erros que foram gravemente perversos. O que já escrevi em algum texto a respeito de política monetária é igualmente aplicável à política fiscal: "Não precisamos de um condutor monetário habilidoso do veículo econômico que gire continuamente o volante para se ajustar às irregularidades inesperadas da estrada, mas de um meio de evitar que o passageiro monetário agindo como lastro no banco de trás acidentalmente se incline para a frente e mexa no volante de modo a ameaçar tirar o carro da estrada."[1]

Para a política fiscal, a contrapartida adequada da regra monetária seria planejar inteiramente os programas de despesas em termos do que a comunidade deseja fazer por meio do governo, e não por meio particular, e sem qualquer relação com os problemas de estabilidade econômica de todo ano; planejar as alíquotas fiscais de modo a obter receitas suficientes para cobrir despesas previstas com base na média de um ano para outro, sem levar em conta as mudanças anuais na estabilidade econômica; e evitar mudanças erráticas, seja nas despesas do governo, seja nos impostos. Claro, algumas mudanças podem ser inevitáveis. Uma mudança repentina no cenário internacional pode determinar um grande aumento nas despesas militares ou permitir reduções bem-vindas. Essas mudanças são responsáveis por algumas das mudanças erráticas nas despesas federais no período pós-guerra, mas de modo algum são responsáveis por todas.

Antes de encerrar o assunto da política fiscal, gostaria de examinar a ideia, hoje amplamente aceita, de que um aumento nos gastos governamentais em relação às receitas fiscais é necessariamente uma política expansionista, e uma redução, uma política contracionista. Essa visão, que está no cerne da crença de que a política fiscal pode servir como instrumento de equilíbrio, é fato consumado para empresários, economistas profissionais e leigos. No entanto, não pode ser comprovada apenas por considerações lógicas, nunca foi documentada por evidências empíricas e é inconsistente com a comprovação empírica relevante, pelo que eu saiba.

---

1  FRIEDMAN, *op. cit.*, p. 23.

POLÍTICA FISCAL                                                             145

A crença se origina em uma análise keynesiana grosseira. Suponha que os gastos do governo sejam aumentados em 100 dólares, e os impostos se mantenham inalterados. Então, como demonstra uma análise simples, no primeiro momento, as pessoas que recebem os 100 dólares extras terão a renda elevada nesse montante. Elas guardarão um pouco, digamos um terço, e gastarão os dois terços restantes. Mas isso significa que, no segundo momento, outra pessoa receberá 66,66 dólares extras de renda. Por sua vez, essa pessoa guardará um tanto e gastará outro tanto, e assim por diante, em uma sequência infinita. Se em cada etapa um terço for poupado e dois terços forem gastos, os 100 dólares extras de gastos governamentais irão, no final, acrescentar 300 dólares à receita. Essa é a análise do multiplicador keynesiano simples com um multiplicador de três. Claro, se houver uma injeção, os efeitos desaparecerão, sendo o salto inicial na receita, de 100 dólares, sucedido por um declínio gradual de volta ao nível anterior. Mas, se os gastos forem mantidos 100 dólares mais altos por unidade de tempo, digamos 100 dólares a mais por ano, então, nessa análise, a receita permanecerá 300 dólares mais alta por ano.

Tal análise simples é extremamente sedutora, mas é um apelo espúrio que decorre de não serem levados em conta outros efeitos relevantes da mudança em questão. Quando os levamos em consideração, o resultado final é muito mais duvidoso: pode ser qualquer coisa, desde a ausência de mudança na receita, caso em que os gastos privados cairão em torno dos 100 dólares que o governo gastará a mais, até o aumento total especificado. E, mesmo que a receita em moeda aumente, os preços podem subir, de forma que a receita real aumentará menos ou nem aumentará. Vamos examinar algumas das surpresas que podem surgir no caminho.

Em primeiro lugar, nada é dito para explicar o destino dos 100 dólares gastos pelo governo. Suponha que o gasto tenha sido feito em algo que as pessoas estavam adquirindo para si próprias: estavam gastando 100 dólares em ingressos para um parque que, por sua vez, pagava as despesas com funcionários contratados para mantê-lo limpo. Suponha que o governo pague essas despesas e permita que as pessoas entrem no parque "gratuitamente". Os funcionários continuam recebendo a mesma renda, mas as pessoas que pagavam os ingressos passam a ter 100 dólares disponíveis. O gasto do governo, mesmo na etapa inicial, não acrescenta 100 dólares à renda de ninguém. O que faz é deixar algumas pessoas com 100 dólares disponíveis para usar em outras finalidades além do parque, finalidades que, supostamente, elas não valorizam tanto. Pode-se esperar que gastem menos de sua renda total com bens de consumo do que anteriormente, uma vez que estão recebendo de graça os serviços do parque. Quanto gastariam a menos, não é fácil dizer. Mesmo que aceitemos, como na análise simples, que as pessoas poupem um terço da renda adicional, isso não quer dizer que, quando elas recebem "de graça" um conjunto de bens de consumo, gastarão dois terços do dinheiro liberado em outros bens de consumo. Uma possibilidade extrema, é claro, é que elas continuem a comprar o mesmo conjunto de outros bens de consumo, como faziam antes, e agreguem os 100 dólares liberados em suas economias. Nesse caso, mesmo na análise simples keynesiana, o efeito das despesas do governo é completamente compensado: os gastos do governo aumentam em 100 dólares, e os privados diminuem em 100 dólares. Ou, para citar outro exemplo, os 100 dólares do governo podem ser gastos para construir uma estrada que uma empresa privada poderia ter construído ou cuja disponibilidade torna desnecessários os reparos nos caminhões da empresa. A empresa, então, tem recursos liberados, mas presumivelmente não irá gastá-los em investimentos menos atrativos. Nesses casos, os gastos do governo simplesmente desviam os gastos privados, e apenas o excedente líquido dos gastos governamentais está disponível para que o multiplicador trabalhe. Desse ponto de vista, é um paradoxo que a forma de garantir que não haja desvio seja fazer com que o governo gaste o dinheiro com algo totalmente inútil — esse é o conteúdo intelectual limitado de quem é a favor de trabalhos de tapa-buraco. Mas é claro que isso mostra que há algo errado com a análise.

Em segundo lugar, nada é dito para explicar como o governo obtém 100 dólares para gastar. Quanto à análise, os resultados são os mesmos, quer o governo imprima dinheiro extra ou tome emprestado do público. Mas o que implementar certamente fará diferença. Para separar a política fiscal da monetária, vamos supor que o governo tome os 100 dólares emprestados, de modo que o estoque de moeda seja o mesmo que seria sem esse gasto. Essa é a suposição adequada porque o estoque de moeda pode ser aumentado sem que o governo tenha despesas adicionais, se for essa a intenção: bastaria imprimir dinheiro e comprar títulos do governo em poder do público. Mas, então, devemos perguntar qual é o efeito do empréstimo. Para analisar o problema, vamos supor que não ocorra o desvio; assim, no primeiro caso, não há compensação direta para os 100 dólares na forma de uma queda compensatória nas despesas privadas. Observe que o empréstimo do governo para gastar não altera a quantidade de dinheiro em mãos privadas. Com a mão direita, o governo toma 100 dólares emprestados de algumas pessoas e, com a mão esquerda, entrega o dinheiro para aquelas a quem os gastos são destinados. Diferentes pessoas detêm o dinheiro, mas a quantia total permanece inalterada.

A análise keynesiana simples pressupõe, de forma implícita, que tomar dinheiro emprestado não tem efeito algum sobre os outros gastos. Isso pode ocorrer em duas circunstâncias extremas. Em primeiro lugar, suponha que as pessoas sejam indiferentes ao fato de possuírem títulos ou dinheiro, de modo que, para obterem os 100 dólares, possam vender os títulos sem precisarem oferecer um retorno maior ao comprador do que o rendimento anterior desses títulos. (Claro, 100 dólares é uma quantia tão pequena que, na prática, teria um efeito insignificante sobre a taxa de retorno exigida, mas a questão é de princípio, cujo efeito prático pode ser visto considerando tanto 100 dólares quanto 100 milhões ou 10 milhões de dólares.) No jargão keynesiano, há uma "armadilha de liquidez" para que as pessoas comprem os títulos com "dinheiro ocioso". Se não for esse o caso, e com certeza não pode ser indefinidamente, o governo poderia só vender os títulos oferecendo uma taxa maior de retorno. Outros tomadores de empréstimo também deverão, portanto, pagar uma taxa mais alta. Em geral, ela desencorajará os gastos privados por parte dos possíveis tomadores de empréstimos. Aqui está a segunda circunstância extrema que sustentará a análise keynesiana simples: se os potenciais tomadores de empréstimo estiverem tão obstinados a gastar que nenhum aumento nas taxas de juros, por mais acentuado que seja, fará com que reduzam seus gastos, ou, no jargão keynesiano, se o cronograma de investimento de eficiência marginal for perfeitamente inelástico em relação à taxa de juros.

Não conheço nenhum economista conceituado, não importa quão keynesiano se afirme, que avaliaria qualquer uma dessas suposições extremas como sustentável, ou capaz de sustentar qualquer faixa considerável de empréstimos ou aumento nas taxas de juros, ou que no passado alguma delas tenha ocorrido, exceto em circunstâncias bastante especiais. No entanto, muitos economistas, ou até não economistas, keynesianos ou não, aceitam a ideia de que um aumento nas despesas do governo em relação às receitas fiscais, mesmo quando financiado por empréstimos, é *necessariamente* expansionista, embora, como vimos, essa ideia requeira implicitamente a ocorrência de uma de tais circunstâncias extremas.

Se nenhuma dessas premissas é válida, o aumento nas despesas do governo será compensado por um declínio nas despesas privadas, tanto por parte dos que emprestam recursos ao governo quanto dos que, ao contrário, teriam tomado os recursos emprestados. Quanto do aumento nos gastos será compensado? Depende dos detentores do dinheiro. A suposição extrema, implícita em uma rígida teoria quantitativa da moeda, é a de que a quantidade de dinheiro que as pessoas desejam manter só depende, em média, de sua renda, e não da taxa de retorno que podem obter de títulos do governo e valores mobiliários semelhantes. Nesse caso, como o estoque total de moeda é o mesmo antes e depois, a renda monetária total também deverá ser a mesma para que as pessoas fiquem satisfeitas em manter o estoque de dinheiro. Isso significa que as taxas de juros deverão aumentar a ponto de reprimir um montante de gastos privados exatamente igual ao aumento dos gastos públicos. Nesse caso extremo, não faz sentido que os gastos do governo sejam expansionistas. Nem mesmo a renda em dinheiro aumenta, quanto mais a renda real. Tudo o que acontece é que os gastos do governo aumentam, e os privados, diminuem.

Advirto o leitor de que esta é uma análise altamente simplificada. Uma exposição completa exigiria um longo livro didático. Mas mesmo esta análise simplificada é suficiente para demonstrar que qualquer resultado é possível entre um aumento de 300 dólares na renda e um aumento de zero. Quanto mais obstinados são os consumidores com relação a quanto de determinada renda gastarão com o consumo, e quanto mais obstinados são os compradores de bens de capital com relação a quanto irão gastar com esses bens, não importa o custo, mais próximo o resultado estará do extremo keynesiano de um aumento de 300 dólares. Por outro lado, quanto mais obstinados são os detentores de dinheiro em relação à proporção que desejam manter entre seus saldos em espécie e sua renda, mais próximo o resultado extremo da rígida teoria quantitativa estará de nenhuma mudança na renda. Em qual desses aspectos o público é mais obstinado é uma questão empírica a ser julgada a partir da evidência factual, não de algo que só pode ser determinado pela razão.

Antes da Grande Depressão da década de 1930, a maior parte dos economistas teria, sem dúvida, concluído que o resultado estaria mais próximo de nenhum aumento na renda do que de um aumento de 300 dólares. De lá para cá, a maior parte dos economistas iria concluir, sem dúvida, o oposto. Há pouco tempo, houve um movimento de retorno à posição anterior. Infelizmente, não se pode dizer que qualquer uma dessas mudanças tenha sido baseada em evidências satisfatórias, mas sim em julgamentos intuitivos de experiências incipientes.

Em cooperação com alguns de meus alunos, fiz trabalhos empíricos bastante extensos para os Estados Unidos e outros países com o intuito de obter evidências mais satisfatórias.[2] Os resultados são impressionantes. Indicam fortemente que o desfecho real estará mais próximo do extremo da teoria da quantidade do que da keynesiana. O raciocínio que parece justificado com base nessa evidência é o de que o suposto aumento de 100 dólares nas despesas do governo pode, em média, acrescentar cerca de 100 dólares à receita, às vezes menos, às vezes mais. Isso significa que um aumento nos gastos do governo com relação à receita não é expansionista em nenhum sentido relevante. Pode aumentar a receita monetária, mas todo esse acréscimo é absorvido pelos gastos governamentais. As despesas privadas permanecem inalteradas. Como, no processo, os preços tendem a subir ou cair menos do que aconteceria de outra forma, o efeito é deixar os gastos privados menores em termos reais. Proposições no sentido oposto defendem um declínio nos gastos do governo.

---

2    Alguns dos resultados são apresentados em *The Relative Stability of the Investment Multiplier and Monetary Velocity in the United States, 1896-1958* [A estabilidade relativa do multiplicador de investimentos e a velocidade monetária nos Estados Unidos, 1896-1958], de Milton Friedman e David Meiselman (publicado pela Commission on Money and Credit, Englewood Cliffs, N.J., 1963), pp. 165-268).

É claro que essas conclusões não podem ser consideradas definitivas. São baseadas no mais amplo e abrangente conjunto de evidências de que eu tenha conhecimento, mas que ainda deixa muito a desejar.

Uma coisa, no entanto, é muito clara: quer essas concepções sobre os efeitos da política fiscal tão amplamente aceitas estejam certas ou erradas, são contraditas ao menos por um extenso conjunto de evidências. Não conheço nenhum outro conjunto de evidências coerente ou organizado que as justifique. São parte da mitologia econômica, não das conclusões demonstradas por análise econômica ou estudos quantitativos. No entanto, exerceram uma enorme influência, resultando em amplo apoio público para a interferência governamental de longo alcance na vida econômica.

# CAPÍTULO 6
# O PAPEL DO GOVERNO NA EDUCAÇÃO

A escolarização formal hoje é paga e quase inteiramente administrada por órgãos governamentais ou instituições sem fins lucrativos. Essa situação foi se consolidando pouco a pouco e hoje é considerada tão garantida que não se dá muita atenção aos motivos que levaram ao tratamento especial da escolarização, mesmo em países onde predomina a livre iniciativa na organização e na filosofia. O resultado foi o crescimento indiscriminado da responsabilidade do governo.

Em termos dos princípios desenvolvidos no capítulo 2, a intervenção do governo na educação pode ser equacionada sob dois aspectos. O primeiro é a existência de "efeitos de vizinhança" consideráveis, ou seja, circunstâncias sob as quais a ação de uma pessoa impõe a outras custos significativos pelos quais não é viável obrigá-la a compensá-los, ou então rende ganhos significativos a outras pessoas pelos quais não é viável obrigá-las a compensar a pessoa da ação — circunstâncias que impossibilitam a troca voluntária. O segundo é a preocupação paternalista com as crianças e outros indivíduos irresponsáveis. Os efeitos de vizinhança e o paternalismo têm implicações muito diferentes para (1) a educação geral para a cidadania e (2) o ensino profissionalizante especializado. Os motivos para intervenção governamental são completamente diferentes nessas duas áreas e justificam tipos de ação muito distintos.

Mais uma observação preliminar: é importante traçar a distinção entre "escolarização" e "educação". Nem toda escolarização é educação, nem toda educação é escolarização. O objeto de preocupação é a educação. As atividades governamentais limitam-se essencialmente à escolarização.

## Educação geral para cidadania

Uma sociedade estável e democrática é impossível sem que se alcance um grau mínimo de alfabetização e conhecimento por parte da maioria dos cidadãos e sem a aceitação generalizada de um conjunto de valores comuns. A educação pode contribuir para ambos. Em consequência, o ganho com a educação de uma criança é revertido não apenas para a criança ou para os pais, mas também para outros membros da sociedade. A educação do meu filho contribui para o bem-estar geral ao promover uma sociedade estável e democrática. Não é possível identificar os indivíduos (ou famílias) beneficiados e, em consequência, cobrar pelos serviços prestados. Portanto, há um significativo "efeito de vizinhança".

Que tipo de ação governamental se justifica em razão desse efeito de vizinhança em particular? O mais óbvio é exigir que cada criança tenha acesso a uma escolaridade

O PAPEL DO GOVERNO NA EDUCAÇÃO

mínima de determinado tipo. Tal exigência poderia ser imposta aos pais sem uma ação complementar do governo, da mesma forma que os proprietários de prédios e, frequentemente, de automóveis são obrigados a aderir a padrões específicos para proteger a segurança de outras pessoas. Existe, no entanto, uma diferença entre os dois casos. As pessoas que não podem arcar com os custos de atender aos padrões exigidos para prédios ou automóveis podem, em geral, se desfazer da propriedade vendendo-a. A exigência pode, portanto, ser aplicada, de forma geral, sem subsídio do governo. A separação de uma criança que tenha pais que não podem pagar pela escolaridade mínima exigida é inconsistente com nossa crença na família como unidade social básica e na liberdade do indivíduo. Além disso, muito provavelmente prejudicaria a educação da criança para a cidadania em uma sociedade livre.

Se o ônus financeiro imposto por tal exigência de escolaridade pudesse ser prontamente arcado pela grande maioria das famílias de uma comunidade, ainda seria viável e desejável exigir que os pais pagassem os custos diretamente. Casos extremos podem ser tratados por meio de subsídios especiais para famílias carentes. Isso hoje ocorre em muitas regiões dos Estados Unidos com essas condições. Em tais regiões, seria desejável impor os custos diretamente aos pais. Assim, seria possível dispensar a máquina governamental necessária para arrecadar recursos provenientes de impostos de todos os residentes durante toda a vida e depois devolvê-los geralmente às mesmas pessoas quando seus filhos vão para a escola. Isso reduziria a probabilidade de que os governos também administrassem escolas, assunto discutido mais adiante. E tornaria maior a probabilidade de que o componente de subsídio das despesas escolares diminuísse à medida que sua necessidade fosse reduzida com o crescimento dos níveis gerais de renda. Se, como ocorre hoje, o governo paga por toda a escolarização, ou pelo menos pela maior parte, um aumento na renda leva a um maior fluxo circular de recursos por meio do mecanismo tributário e à expansão do papel do governo. Por fim, mas de modo algum menos importante, impor os custos aos pais tenderia a equiparar os custos sociais e privados de ter filhos e, assim, promover uma melhor distribuição das famílias por tamanho.[1]

As diferenças entre as famílias em termos de recursos e número de filhos, mais a imposição de um padrão de escolaridade envolvendo custos muito altos, tornam essa política quase inviável em muitas partes dos Estados Unidos. O governo, no entanto, assumiu os custos financeiros de proporcionar a escolarização, tanto nessas regiões quanto naquelas em que tal política seria viável. O governo paga não apenas pela escolaridade mínima exigida, mas também pela escolarização complementar em níveis superiores disponível para os jovens, mas não obrigatória. Um argumento para ambas as etapas são os "efeitos de vizinhança" discutidos anteriormente. Os custos são pagos porque esse é o único meio viável de fazer cumprir o mínimo exigido. A escolarização complementar

---

1 Não é de forma alguma espantoso, como pode parecer, que tal passo afete visivelmente o tamanho das famílias. Por exemplo, uma explicação para que a taxa de natalidade seja mais baixa entre os grupos socioeconômicos mais altos do que entre os mais baixos pode muito bem ser a de que o custo de manter as crianças é relativamente maior para os primeiros, em grande parte graças aos padrões mais elevados de escolaridade, cujos custos as famílias podem bancar.

é financiada porque outras pessoas se beneficiam da escolarização de quem tem maior capacidade e interesse, já que é uma forma de gerar melhores lideranças sociais e políticas. O ganho com essas medidas deve ser contrabalançado com os custos, e pode haver muitas diferenças entre avaliações honestas sobre até onde se justifica o subsídio. No entanto, conforme a maioria de nós concluiria, é provável que os ganhos sejam suficientemente importantes para justificar o subsídio do governo.

Tais motivos justificam o subsídio governamental de apenas certos tipos de escolarização. Para adiantar, não justificam o subsídio ao ensino puramente técnico, que aumenta a produtividade econômica do aluno, mas não o forma para a cidadania nem para a liderança. É extremamente difícil traçar uma linha nítida entre os dois tipos de escolarização. A maior parte da escolarização geral aumenta o valor econômico do aluno — na verdade, foi apenas nos tempos modernos e em alguns países que a alfabetização deixou de ter valor comercial. E o ensino profissionalizante amplia a perspectiva do aluno. No entanto, a distinção é significativa. Subsidiar a formação profissional de veterinários, esteticistas, dentistas e uma série de outros especialistas, como é amplamente feito nos Estados Unidos em instituições educacionais com suporte do governo, não se justifica com base nos mesmos motivos do subsídio às escolas do ensino fundamental ou, em um nível superior, às faculdades de artes liberais. Se isso pode ser justificado com base em motivos bem diferentes será discutido mais adiante neste capítulo.

O argumento qualitativo dos "efeitos de vizinhança" obviamente não determina os tipos específicos de escolarização que devem ser subsidiados nem o valor dos subsídios. O ganho social é presumivelmente maior para os níveis mais baixos de escolaridade, em relação aos quais a abordagem do conteúdo é a mais próxima da unanimidade, e vai diminuindo à medida que o nível de escolaridade aumenta. Nem mesmo essa declaração pode ser aceita pacificamente. Muitos governos subsidiavam universidades muito antes de subsidiarem as escolas de ensino básico. Que formas de educação têm a maior vantagem social e quanto dos recursos limitados da comunidade deve ser gasto nisso são questões a serem decididas pela avaliação da comunidade expressa por meio de seus canais políticos aceitos. O objetivo desta análise não é decidir essas questões para a comunidade, mas esclarecer as questões envolvidas na escolha, em particular se é apropriado tomar a decisão tendo por base a comunidade em vez da pessoa.

Como vimos, tanto a imposição de um nível mínimo obrigatório de escolaridade quanto o financiamento da escolarização pelo Estado podem ser justificados pelos "efeitos de vizinhança" da escolarização. Uma terceira etapa, ou seja, a administração real das instituições de ensino pelo governo, a "estatização", por assim dizer, da maior parte do "setor educacional", é muito mais difícil de justificar com base nesses argumentos, ou em qualquer outro, que eu saiba. A conveniência de tal estatização foi pouquíssimas vezes enfrentada de forma explícita. Os governos, em geral, têm financiado a escolarização ao pagar diretamente às instituições educacionais os custos de seu funcionamento. Assim, essa etapa parecia necessária como decorrência da decisão de subsidiar a escolarização. No entanto, é simples separar as duas etapas. Os governos poderiam exigir um nível mínimo de escolarização financiada dando aos pais *vouchers* resgatáveis por uma quantia máxima especificada por criança por ano, se aplicados em serviços educacionais "aprovados". Os pais teriam, então, a liberdade de gastar essa e qualquer outra quantia que eles próprios dispusessem na compra de serviços educacionais de uma instituição "aprovada" de sua escolha. Os serviços educacionais poderiam ser prestados por empresas privadas com fins lucrativos ou por instituições sem fins lucrativos. O papel do governo seria limitado a garantir que as escolas atendessem a certos padrões mínimos, como a inclusão de um conteúdo básico comum no programa, assim como inspecionar restaurantes para assegurar que mantenham padrões sanitários mínimos. Um excelente exemplo é o programa educacional dos Estados Unidos para veteranos após a Segunda Guerra Mundial. Cada veterano que se habilitasse recebia uma quantia máxima por ano que poderia ser gasta em qualquer instituição de sua escolha, desde que atendesse a certos padrões mínimos. Um exemplo mais restrito é a disposição legal na Grã-Bretanha segundo a qual as autoridades locais pagam a matrícula de alguns alunos que frequentam escolas não estatais. Outro exemplo é o sistema na França em que o Estado paga parte dos custos para alunos que frequentam escolas não estatais.

Um argumento a favor da estatização das escolas com base no "efeito de vizinhança" é o de que, de outra forma, seria impossível prover o núcleo comum de valores considerados essenciais para a estabilidade social. A imposição de padrões mínimos para as escolas privadas, como sugerido, pode não ser suficiente para alcançar esse resultado. A questão pode ser ilustrada concretamente em termos de escolas administradas por diferentes grupos religiosos.

Essas escolas, pode-se argumentar, instilarão conjuntos de valores inconsistentes uns com os outros e com aqueles instilados em escolas não sectárias; dessa forma, converteriam a educação em um fator de divisão, ao invés de união.

Levado ao extremo, o argumento exigiria não apenas escolas administradas pelo governo, mas também a frequência obrigatória das crianças. Os sistemas em vigor nos Estados Unidos e em muitos outros países ocidentais são um meio caminho. Escolas administradas pelo governo estão disponíveis, mas não são obrigatórias. No entanto, a conexão entre o financiamento da escolarização e sua administração coloca outras escolas em desvantagem: elas recebem pouco ou nenhum benefício dos recursos do governo destinados à escolarização — uma situação que tem sido causa de muita briga política, sobretudo na França e atualmente nos Estados Unidos. A eliminação dessa desvantagem pode, como se teme, fortalecer muito as escolas paroquiais e, assim, dificultar ainda mais o estabelecimento de um núcleo comum de valores.

Por mais persuasivo que seja, o argumento não é, de forma alguma, evidentemente válido nem determina que desestatizar a escolarização teria os efeitos sugeridos. Com base em princípios, a ideia entra em conflito com a preservação da própria liberdade. Traçar uma linha divisória entre estipular os valores sociais comuns necessários a uma sociedade estável e a doutrinação inibidora da liberdade de pensamento e crença é estabelecer mais um daqueles limites vagos que são mais fáceis de mencionar do que de definir.

Em termos de efeitos, desestatizar a escolarização ampliaria o leque de escolhas disponíveis para os pais. Se, como ocorre hoje em dia, os pais podem enviar seus filhos para as escolas públicas sem pagamento especial, poucos

O PAPEL DO GOVERNO NA EDUCAÇÃO

podem ou vão enviá-los para outras escolas, a menos que também sejam subsidiadas. As escolas paroquiais estão em desvantagem por não receberem recursos públicos destinados à escolarização, mas têm a vantagem compensatória de serem administradas por instituições que desejam subsidiá-las e que podem arrecadar fundos para isso. Existem poucas outras fontes de subsídios para escolas privadas. Se as atuais despesas públicas com escolarização fossem disponibilizadas aos pais, independentemente de para onde enviam seus filhos, surgiria uma grande variedade de escolas para atender a demanda. Os pais poderiam expressar diretamente suas opiniões sobre as escolas retirando seus filhos de uma e mandando-os para outra, em uma frequência muito maior do que é possível hoje. Em geral, os pais hoje só podem tomar essa decisão a um custo considerável — ou matriculando os filhos em uma escola particular ou mudando de residência. Famílias sem essas possibilidades só podem expressar suas opiniões por meio de canais políticos complicados. Talvez um grau um pouco maior de liberdade na escolha de escolas pudesse ser disponibilizado em um sistema administrado pelo governo, mas seria difícil levar essa liberdade muito adiante tendo em vista a obrigação de disponibilizar um lugar para cada criança. Aqui, como em outros campos, a concorrência empresarial é provavelmente muito mais eficiente ao atender a demanda do consumidor do que as empresas estatizadas ou as que operam para servir a outras finalidades. O resultado final pode ser, portanto, que as escolas paroquiais percam importância, em vez de ganharem.

Um fator relacionado que trabalha na mesma direção é a compreensível relutância dos pais que enviam os filhos às escolas paroquiais em aceitar a elevação dos impostos para financiar as despesas mais elevadas das escolas públicas. O resultado é que as regiões onde as escolas paroquiais são importantes têm grande dificuldade em arrecadar recursos para escolas públicas. Partindo da noção de que a qualidade está relacionada com as despesas, como de fato até certo ponto está, as escolas públicas tendem a ser de qualidade inferior nessas regiões e, portanto, as escolas paroquiais são relativamente mais atraentes.

Outro caso especial do argumento de que as escolas administradas pelo governo são necessárias para que a educação seja uma força unificadora é o de que as escolas particulares tenderiam a agravar as diferenças de classe. Tendo maior liberdade para escolher a escola de seus filhos, os pais de certa classe social se reuniriam para evitar uma mistura saudável de crianças de origens claramente distintas. Sendo esse argumento válido ou não em princípio, não fica claro se os resultados declarados ocorreriam. Com o modelo atual, a estratificação de regiões residenciais restringe, de fato, a mistura de crianças de origens nitidamente distintas. Além disso, os pais não são impedidos de enviar seus filhos para escolas particulares. Apenas uma classe altamente reduzida pode fazer ou já faz isso, à parte as escolas paroquiais, o que gera mais estratificação.

Na verdade, penso que esse argumento aponta na direção quase diametralmente oposta, em favor da desestatização das escolas. Pergunte a si mesmo em que aspecto o morador de um bairro de baixa renda, quanto mais o de um bairro de pessoas negras em uma cidade grande, é mais desfavorecido. Se ele atribui bastante importância, digamos, a um novo automóvel, pode, fazendo poupança, acumular dinheiro suficiente para comprar o mesmo carro que o de um residente de um subúrbio de alta renda. Para fazer isso, não precisa se mudar para o subúrbio. Ao contrário, pode obter o dinheiro em parte economizando no bairro onde mora. E isso vale igualmente para roupas, móveis, livros ou o que quer que seja. Mas imagine uma família pobre que more em uma favela e que tenha um filho talentoso e suponha que essas pessoas deem tanto valor à sua escolarização que estejam dispostas a fazer sacrifícios e economizar com esse propósito. A menos que consiga um tratamento especial, ou bolsa de estudos, em uma das raras escolas particulares, a família está em uma situação muito difícil. As "boas" escolas públicas ficam nos bairros de alta renda. A família pode estar disposta a gastar algo além do que paga em impostos para obter uma escolarização melhor para seu filho, mas dificilmente pode se dar ao luxo de, ao mesmo tempo, se mudar para um bairro mais caro.

Acredito que nossas opiniões a esse respeito ainda estejam dominadas pela ideia da pequena cidade que tinha apenas uma escola, tanto para os residentes pobres quanto para os ricos. Em tais circunstâncias, as escolas públicas possibilitam oportunidades equiparadas. Com o crescimento das áreas urbanas e suburbanas, a situação mudou muito. Nosso sistema escolar atual, em vez de equiparar oportunidades, muito provavelmente faz o oposto. Torna tudo mais difícil para que os poucos excepcionais — e são eles a esperança do futuro — superem a pobreza de sua condição inicial.

Outro argumento para estatizar a escolarização é o "monopólio técnico". Em pequenas comunidades e áreas rurais, o número de crianças pode ser pequeno demais para justificar o funcionamento de mais de uma escola de tamanho razoável, de modo que não se pode depender da concorrência para proteger os interesses de pais e filhos. Como em outros casos de monopólio técnico, as alternativas são o monopólio privado irrestrito, o monopólio privado controlado pelo Estado e a administração pública — uma escolha entre três males. Esse argumento, embora válido e significativo, perdeu força nas últimas décadas com a melhoria dos transportes e o aumento da concentração da população nas comunidades urbanas.

O sistema que talvez mais se aproxime de ser justificado por essas considerações — pelo menos em relação à educação primária e secundária — é uma combinação de escolas públicas e privadas. Os pais que optarem por mandar os filhos para escolas privadas receberão uma quantia igual ao custo estimado para educar uma criança em uma escola pública, desde que essa quantia seja gasta com a educação em uma escola aprovada. Tal sistema atenderia às características válidas do argumento do "monopólio técnico". Atenderia às justas reclamações dos pais de que, se mandarem os filhos para escolas privadas não subsidiadas, deverão pagar duas vezes pela educação — uma vez na forma de impostos gerais e outra diretamente. Isso permitiria que a concorrência se desenvolvesse. O desenvolvimento e a melhoria de todas as escolas seriam estimulados. A concorrência contribuiria muito para promover uma variedade saudável de escolas. Contribuiria muito, também, para introduzir flexibilidade nos sistemas escolares. Um dos seus benefícios seria fazer com que os salários dos professores respondessem às forças do mercado. Daria às autoridades públicas um padrão independente para julgar as escalas de salários e promover um ajuste mais rápido às mudanças nas condições de oferta e demanda.

Diz-se muito que a grande necessidade no âmbito do ensino é receber mais dinheiro para construir mais escolas e pagar salários mais altos aos professores a fim de atrair melhores profissionais. Esse parece um diagnóstico falso. O montante gasto em escolarização tem aumentado a uma taxa extraordinariamente alta, muito mais depressa do que nossa renda bruta total. Os salários dos professores têm subido muito mais rápido do que a renda de profissões semelhantes. O problema principal não é que estejamos gastando pouco dinheiro — embora isso possa estar ocorrendo —, mas que estejamos recebendo pouco em troca por dólar gasto. Talvez as quantias gastas em infraestruturas magníficas e áreas luxuosas em muitas escolas sejam devidamente classificadas como despesas com escolarização. Mesmo assim, é difícil aceitá-las como despesas com educação. E isso também fica claro para cursos como cestaria, dança e inúmeras outras disciplinas especiais que dão tanto crédito à engenhosidade dos educadores. Apresso-me em acrescentar que não pode haver nenhuma objeção concebível a que os pais gastem seu próprio dinheiro com tais supérfluos se assim o desejarem. É problema deles. A objeção é ao uso de dinheiro arrecadado por meio de impostos, cobrados tanto de pais como dos que não são pais, para esses propósitos. Onde estão os "efeitos de vizinhança" que justificam esse uso do dinheiro dos impostos?

Uma das principais razões para esse tipo de uso do dinheiro público é o atual sistema que combina a administração das escolas com seu financiamento. Os pais que preferem ver o dinheiro empregado com melhores professores e livros didáticos a vê-lo gasto com treinadores e corredores não têm como expressar essa preferência, exceto se persuadirem a maioria a mudar a composição para todos. Esse é um caso especial do princípio geral de que o mercado permite que cada um satisfaça o próprio gosto — é a representação proporcional efetiva; ao passo que o processo político impõe a conformidade. Além disso, os pais que quiserem gastar dinheiro a mais na educação do filho ficam muito limitados. Eles não podem acrescentar nada à quantia gasta para educar o filho e matriculá-lo em uma escola correspondentemente mais cara. Se transferirem o filho, devem pagar o custo total, e não apenas o custo adicional. Eles certamente só podem gastar dinheiro a mais em atividades extracurriculares — aulas de dança, música etc. Como os empreendimentos privados que permitam aplicar mais dinheiro com a escolarização são tão restritos, a pressão para que se gaste mais com a educação das crianças se manifesta em gastos públicos cada vez mais elevados em itens que sutilmente se relacionam cada vez menos com a justificativa básica para a intervenção do governo na escolarização.

Como está implícito nesta análise, a adoção das propostas sugeridas pode muito bem significar uma redução dos gastos do governo com escolarização, ainda que um aumento dos gastos totais. Isso permitiria aos pais comprar o que desejam com mais eficiência e, assim, gastar mais do que gastam direta e indiretamente pelos impostos. Isso evitaria que ficassem frustrados por gastarem mais com a escolarização, tanto pela necessidade de se submeterem ao modelo atual de gasto do dinheiro quanto pela compreensível relutância de parte das pessoas que ainda não têm filhos na escola — e especialmente daquelas que não as terão na escola no futuro — em impor a si mesmas um aumento de impostos para fins muitas vezes distantes da educação na concepção que têm do termo.[2]

Com relação aos salários dos professores, o maior problema não é que sejam muito baixos em média — na verdade, podem ser muito altos em média —, mas que são muito uniformes e rígidos. Professores ruins são bem pagos, e os bons professores, mal pagos. As tabelas salariais tendem a ser uniformes e determinadas mais pelo nível de experiência, diplomas e certificados de ensino do que pelo mérito. Isso também é em grande parte resultado do atual sistema de administração escolar do governo e se torna mais sério à medida que a unidade sobre a qual é exercido o controle do governo se torna maior. Na verdade, esse fato é um dos principais motivos pelos quais as organizações educacionais profissionais são tão fortemente favoráveis à expansão da unidade — da escola de nível municipal para o estadual, do estadual para o federal. Em qualquer órgão burocrático da administração pública, as escalas salariais padronizadas são quase inevitáveis; é quase impossível simular uma competição capaz de proporcionar grandes diferenças salariais de acordo com o mérito. Os educadores, ou seja, os próprios professores,

---

2 Um exemplo notável do mesmo efeito em outro campo é o do Serviço Nacional de Saúde do Reino Unido (NHS, na sigla em inglês). Em um estudo cuidadoso e incisivo, D. S. Lees estabelece de forma bastante conclusiva: "Longe de serem extravagantes, os gastos com o NHS foram menores do que os consumidores provavelmente decidiriam gastar em um livre mercado. O histórico de construção de hospitais em particular tem sido deplorável." (LEES, D. S. "Health Through Choice" [A saúde por meio da escolha]. *Hobart Paper*, Londres: Institute of Economic Affairs, n. 14, 1961, p. 58.)

passam a exercer o controle primário. Os pais ou a comunidade local passam a exercer pouco controle. Em qualquer área, seja carpintaria, serviço hidráulico ou ensino, a maioria dos trabalhadores é a favor de escalas salariais padronizadas e se opõe a diferenciais de mérito, pela razão óbvia de que os especialmente talentosos são sempre poucos. Esse é um caso especial da tendência geral das pessoas a atuarem em conluio para fixar preços, seja por meio de sindicatos ou monopólios industriais. Mas tais acordos costumam ser destruídos pela concorrência, a menos que o governo imponha seu cumprimento ou, pelo menos, garanta-lhes apoio considerável.

Se alguém buscasse conceber deliberadamente um sistema de recrutamento e pagamento de professores calculado para repelir profissionais imaginativos, ousados e autoconfiantes e atrair os enfadonhos, medíocres e pouco inspiradores, não precisaria fazer mais do que copiar o sistema que requer certificados de ensino e obriga o cumprimento de estruturas salariais padronizadas, desenvolvido nas maiores cidades e nos sistemas estaduais. É surpreendente que, nessas circunstâncias, o nível de capacidade no ensino fundamental e médio seja tão elevado. O sistema alternativo resolveria esses problemas e permitiria a concorrência efetiva ao recompensar o mérito e atrair a capacidade de ensinar.

Por que a intervenção do governo na escolarização tomou o rumo que tomou nos Estados Unidos? Não tenho conhecimento detalhado da história da educação, o que seria necessário para responder a essa questão. Algumas suposições, no entanto, talvez sejam úteis para sugerir quais considerações podem alterar a política social apropriada. Não posso dizer, de modo algum, que os arranjos que proponho seriam de fato desejáveis um século atrás. Antes do enorme crescimento dos transportes, o argumento do "monopólio técnico" era muito mais forte. Igualmente importante, o maior problema dos Estados Unidos no século XIX e no início do século XX não era promover a diversidade, mas criar o núcleo de valores comuns essenciais para uma sociedade estável. Grandes fluxos de imigrantes estavam inundando o país, vindos de todas as partes do mundo, falando línguas diferentes e observando costumes diversos. O "caldeirão cultural" precisou adotar alguma medida de conformidade e lealdade a valores comuns. A escola pública tinha uma função importante nessa tarefa, no mínimo para impor o inglês como língua comum. Segundo a proposta alternativa de *vouchers*, os padrões mínimos impostos às escolas para se qualificarem à aprovação poderiam incluir o uso do inglês, mas provavelmente teria sido mais difícil garantir que esse requisito fosse imposto e cumprido em um sistema de escolas particulares. Não pretendo concluir que o sistema de ensino público tenha sido com certeza preferível à alternativa, apenas que tinha muito mais respaldo na ocasião do que teria hoje. O problema atual não é impor conformidade; ao contrário, o que temos é um excesso de conformidade. Nosso problema é promover a diversidade, e a alternativa faria isso de um modo muito mais eficaz do que um sistema escolar estatizado.

Outro fator que pode ter sido importante um século atrás era a combinação do descrédito geral quanto a doações em dinheiro a indivíduos ("doações" aos pobres), porém sem uma máquina administrativa eficiente para lidar com a distribuição de *vouchers* e verificar sua utilização. Tal maquinário é um fenômeno dos tempos modernos que floresceu plenamente com a enorme ampliação da tributação individual e dos programas de previdência social. Sem isso, a administração das escolas pode ter sido considerada o único modo possível de financiar a educação.

Como sugerem alguns dos exemplos citados (Reino Unido e França), certas características das medidas propostas estão presentes nos sistemas educacionais atuais. E há uma pressão forte e, acredito, crescente, para que se adotem propostas semelhantes na maioria dos países ocidentais. Isso talvez se explique, em parte, pelos progressos modernos na máquina administrativa pública que facilitam a adoção de tais propostas.

Embora muitos problemas administrativos possam surgir durante a mudança e a nova administração do sistema atual, não parecem ser insolúveis nem únicos. Como na desestatização de outras atividades, as infraestruturas e equipamentos existentes poderiam ser vendidos a empresas privadas que desejassem entrar no ramo de atividade. Assim, não haveria desperdício de capital na transição. Como os órgãos do governo continuariam a administrar as escolas, pelo menos em algumas áreas, a transição seria fácil e gradual. Da mesma forma, a administração escolar local nos Estados Unidos e em outros países facilitaria a transição, pois encorajaria a experimentação em pequena escala. Sem dúvidas surgirão dificuldades para determinar a elegibilidade de bolsas de cada unidade do governo, mas esse é um problema idêntico ao que já existe para determinar que unidade é obrigada a disponibilizar infraestrutura escolar para determinada criança. As diferenças no valor das bolsas tornariam uma área mais atraente do que outra, assim como acontece hoje com as diferenças na qualidade do

O PAPEL DO GOVERNO NA EDUCAÇÃO

ensino. A única complicação adicional é uma oportunidade possivelmente maior de maus-tratos por conta da maior liberdade de decidir onde educar as crianças. A suposta dificuldade de administração é uma defesa-padrão do *status quo* contra qualquer mudança proposta; neste caso, é um argumento ainda mais fraco porque o sistema atual dá ao governo a função de controlar não apenas os principais problemas levantados pelo sistema proposto, mas também os problemas adicionais que surgem na administração das escolas.

## A *escolarização nas faculdades e nas universidades*

A discussão anterior tem por foco, basicamente, a escolarização primária e a secundária. Para a escolarização superior, a argumentação a favor da estatização, seja com base nos efeitos de vizinhança ou de monopólio técnico, é ainda mais fraca. Para os níveis mais baixos, há uma considerável concordância, próxima da unanimidade, em relação ao conteúdo apropriado de um programa educacional para os cidadãos de uma democracia; as três habilidades básicas — leitura, escrita e matemática — cobrem a maior parte do que é essencial. Quanto mais alto o nível, menor a concordância. Certamente, bem abaixo do nível universitário americano, não há concordância, muito menos uma pluralidade que justifique impor a opinião da maioria. A falta de concordância pode chegar ao ponto de levantar dúvidas sobre a conveniência de subsidiar ou não a escolarização nesse nível; de fato, chega até a minar qualquer argumento a favor da estatização com base na ideia de propiciar um núcleo comum de valores. Dificilmente pode haver uma questão de "monopólio técnico" nesse nível, tendo em vista as distâncias que as pessoas podem percorrer, e por certo percorrem, para frequentar instituições de ensino superior.

Nos Estados Unidos, as instituições governamentais desempenham um papel menor na escolarização superior do que nos níveis fundamental e médio. No entanto, essas instituições cresceram muito em importância, certamente até a década de 1920, e hoje respondem por mais da metade dos alunos que frequentam faculdades e universidades.[3] Uma das principais razões que explicam esse crescimento é o custo relativamente baixo; a maioria das faculdades e universidades estaduais e municipais cobra taxas de ensino muito mais baixas do que as universidades privadas podem cobrar. As universidades privadas, em consequência, tiveram sérios problemas financeiros e reclamaram, com muita razão, da concorrência "desleal". Elas queriam manter a independência do governo, mas, ao mesmo tempo, se sentiram condicionadas pela pressão financeira a buscar ajuda governamental.

A análise anterior indica as linhas mestras para buscar uma solução satisfatória. Os gastos públicos com ensino superior podem ser justificados como um meio para garantir a formação de jovens para a cidadania e o protagonismo na comunidade — embora, me apresso a acrescentar, grande parte das despesas correntes que vão estritamente para o ensino técnico não possa ser justificada nem dessa forma, nem de qualquer outra, como veremos. A restrição do subsídio à escolarização em uma instituição estatal não se justifica de modo algum. Qualquer subsídio deve

---

3    Ver STIGLER, George J. "Employment and Compensation in Education" [Emprego e remuneração na educação]. *Occasional Paper*, Nova York: National Bureau of Economic Research, n. 33, 1950, p. 33.

O PAPEL DO GOVERNO NA EDUCAÇÃO 173

ser concedido aos indivíduos para que seja aplicado em instituições de sua própria escolha, desde que a escolarização seja do tipo que se deseja subsidiar. Toda escola mantida pelo governo deve cobrar taxas que cubram as despesas com educação, competindo em pé de igualdade com as escolas que funcionam sem subsídio.[4] De modo geral, o sistema resultante seguiria os programas adotados nos Estados Unidos após a Segunda Guerra Mundial para financiar a educação de veteranos, exceto pelo fato de que os recursos viriam supostamente dos estados, não do governo federal.

A adoção de tais propostas tornaria mais efetiva a concorrência entre vários tipos de escolas e propiciaria uma utilização mais eficiente de seus recursos. Isso eliminaria a pressão para que o governo subsidiasse diretamente as faculdades e universidades privadas; assim, sua independência total e diversidade seriam preservadas, ao mesmo tempo que essas instituições poderiam crescer em relação às estatais. Haveria também a vantagem adicional de provocar o escrutínio dos fins para os quais os subsídios são concedidos. O subsídio a instituições, em vez de a indivíduos, desencadeou o uso indiscriminado de subsídios a todas as atividades próprias de tais instituições, em vez de destiná-los a atividades apropriadas ao Estado. Mesmo um exame superficial sugere que, embora as duas classes de atividades se sobreponham, estão longe de serem idênticas.

A equidade como argumento da proposta alternativa é clara sobretudo no nível das faculdades e universidades

---

4 Estou abstraindo das despesas com pesquisa básica. Interpretei a escolarização de forma restrita, de modo a excluir considerações que abririam indevidamente um campo amplo.

devido à existência de um grande número e variedade de escolas particulares. O estado de Ohio, por exemplo, diz aos seus cidadãos: "Se algum jovem quer ir para a faculdade, concederemos automaticamente uma bolsa considerável de quatro anos, desde que o indivíduo preencha os requisitos educacionais mínimos e seja inteligente o suficiente para decidir ir para a Universidade de Ohio. Se seu filho ou filha quer ir — ou se você quer que ele ou ela vá — para a Oberlin College, a Western Reserve University, ou até mesmo para Yale, Harvard, Northwestern, Beloit ou para a Universidade de Chicago, não receberá nem um centavo." Como é que um programa como esse pode ser justificado? Destinar a verba que o estado de Ohio quer gastar no ensino superior com bolsas de estudo viáveis para qualquer faculdade ou universidade e exigir que a Universidade de Ohio passe a competir em igualdade de condições com as outras; além de ser mais justo, não promoveria um padrão mais alto para as bolsas de estudos?[5]

## O ensino técnico e a formação profissional

O ensino técnico e a formação profissional não têm efeitos de vizinhança do tipo atribuído à educação geral. Este é um investimento no capital humano análogo ao

---

5    Usei Ohio em vez de Illinois porque, desde que foi escrito o artigo (1953) do qual este capítulo é uma revisão, Illinois adotou um programa que vai nessa direção geral, proporcionando bolsas sustentáveis em faculdades e universidades privadas. A Califórnia fez o mesmo. A Virgínia adotou um programa semelhante em níveis mais baixos por um motivo muito diferente: evitar a integração racial. O caso da Virgínia é discutido no capítulo 7.

O PAPEL DO GOVERNO NA EDUCAÇÃO

175

investimento em máquinas, edifícios ou outras formas de capital não humano. Sua função é elevar a produtividade econômica do ser humano. Se conseguir, o indivíduo é recompensado em uma sociedade de livre iniciativa recebendo uma renda maior por seus serviços do que poderia pleitear em outra circunstância.[6] Essa diferença na renda é o incentivo econômico para investir capital, seja na forma de uma máquina ou de um ser humano. Nos dois casos, a renda extra deve ser ponderada em relação aos custos dos investimentos. No caso do ensino técnico, os principais custos são as despesas previstas durante o período de formação, os juros perdidos com o adiamento do início dos ganhos e as despesas especiais de aquisição da formação, como taxas de matrícula e gastos com livros e material próprio. No caso do capital físico, os principais custos são as despesas de construção dos bens de capital e os juros perdidos durante a construção. Presumivelmente, em ambos os casos, considera-se o investimento como desejável se a renda extra exceder os custos extras.[7] Em ambos os casos, se o indivíduo realizar o investimento e se o Estado não subsidiar o investimento nem tributar a renda,

---

6     O aumento da renda pode ser apenas parcialmente monetário; também pode consistir em vantagens imateriais inerentes à função para a qual o ensino técnico prepara o indivíduo. Da mesma forma, a função profissional pode ter desvantagens de caráter não pecuniário que precisariam ser contabilizadas entre os custos do investimento.

7     Para uma declaração mais detalhada e precisa das considerações que entram na escolha de uma profissão, vide FRIEDMAN, Milton; KUZNETS Simon. *Income from Independent Professional Practice* [Renda obtida na prática profissional independente]. Nova York: National Bureau of Economic Research, 1945. pp. 81-95, 118-37.

o indivíduo (ou seus pais, responsáveis ou benfeitores), em geral, arcam com todos os custos extras e recebem toda a renda extra: não há custos não incorridos óbvios nem rendas inadequadas que tendam a fazer os incentivos privados divergirem sistematicamente daqueles que são socialmente adequados.

Se o capital a ser investido em seres humanos estivesse tão disponível quanto está para ativos físicos, seja pelo mercado ou pelo investimento direto dos indivíduos em questão, ou por seus pais ou benfeitores, a taxa de retorno sobre o capital tenderia a ser aproximadamente igual nos dois campos. Se fosse superior em capital não humano, os pais teriam um incentivo para adquirir esse capital para seus filhos, em vez de investir uma quantia equivalente no ensino técnico, e vice-versa. Na verdade, no entanto, uma considerável evidência empírica mostra que a taxa de retorno do investimento em formação profissional é muito maior do que a taxa de retorno do investimento em capital físico. Essa diferença indica que o investimento em capital humano está aquém do necessário.[8]

Esse subinvestimento em capital humano reflete, provavelmente, uma imperfeição do mercado de capitais. O investimento em seres humanos não pode ser financiado nos mesmos termos ou com a mesma facilidade que o investimento em capital físico. É fácil entender

---

8    Ver BECKER, G. S. "Underinvestment in College Education?" [Subinvestimento no ensino superior?] *American Economic Review*, n. 50, 1960, pp. 356-64; SCHULTZ, T. W. "Investment in Human Capital" [Investimento em capital humano]. *American Economic Review*, n. 61, 1961, pp. 1-17.

por quê. Se é feito um empréstimo fixo em dinheiro para financiar o investimento em capital físico, o credor pode ter uma garantia na forma de hipoteca ou direito residual sobre o próprio ativo físico e obter retorno de pelo menos parte do investimento, em caso de inadimplência, com a venda do ativo físico. Se é feito um empréstimo equivalente para aumentar o poder aquisitivo de um ser humano, é óbvio que o credor não terá nenhuma segurança equivalente. Em um Estado não escravocrata, o indivíduo que incorpora o investimento não pode ser comprado e vendido. Mesmo se pudesse, a segurança do empréstimo não seria a mesma. A produtividade do capital físico não depende, em geral, da cooperação do tomador original. A produtividade do capital humano, obviamente, sim. Um empréstimo para financiar a formação de um indivíduo que não tem segurança a oferecer além de seus ganhos futuros é, portanto, uma proposta muito menos atraente do que um empréstimo para financiar a construção de um edifício: a garantia é menor, e o custo da subsequente cobrança de juros e de capital é muito maior.

A inadequação do empréstimo fixo em dinheiro para financiar investimentos na formação profissional representa mais uma complicação. Esse investimento envolve, necessariamente, muito risco. O retorno médio esperado pode ser alto, mas há grande variação em relação à média. A morte ou incapacidade física é uma fonte óbvia de variação, mas provavelmente muito menos relevante do que as diferenças de capacidade, energia e sorte. Como consequência, se fossem feitos empréstimos fixos em dinheiro, garantidos apenas por estimativa de ganhos futuros, parte considerável nunca seria

178                                                                      CAPÍTULO 6

reembolsada. A fim de tornar esses empréstimos atraentes para os credores, a taxa nominal de juros cobrada deveria ser suficientemente alta para compensar as perdas de capital nos empréstimos inadimplentes. Uma taxa de juros nominal elevada entraria em conflito com as leis de usura e tornaria os empréstimos pouco atraentes.[9] O recurso adotado para atender ao problema correspondente em outros investimentos de risco é o investimento em ações mais a responsabilidade limitada por parte dos acionistas. A contrapartida para a educação seria "comprar" uma ação na perspectiva de ganhos de uma pessoa; adiantar-lhe os recursos necessários para financiar sua formação profissional, com a condição de que o indivíduo concorde em pagar ao credor uma fração especificada de seus ganhos futuros. Dessa forma, o

---

9    Apesar desses obstáculos, os empréstimos fixos em dinheiro têm sido um meio muito comum de financiar a educação na Suécia, que parece disponibilizar taxas de juros moderadas. Uma possível explicação é haver uma dispersão de renda menor entre os graduados em universidades suecas do que entre os dos Estados Unidos. Mas essa não é uma explicação definitiva e pode não ser a única nem a principal razão para a diferença na prática. É sumamente desejável que se realizem novos estudos do caso sueco e de experiências semelhantes para verificar se as razões apresentadas são adequadas para explicar a ausência, nos Estados Unidos e em outros países, de um mercado altamente desenvolvido de empréstimos para financiar a formação profissional, ou se não há outros obstáculos mais fáceis de remover.

Nos últimos anos, nos Estados Unidos tem havido um crescimento animador de empréstimos privados para estudantes universitários. O principal aumento foi estimulado pela United Student Aid Funds, uma instituição sem fins lucrativos que subscreve empréstimos feitos individualmente pelos bancos.

credor receberia de pessoas relativamente bem-sucedidas mais do que seu investimento inicial, o que compensaria o fracasso em recuperar seu investimento original nas malsucedidas.

Parece não haver obstáculo legal para contratos privados desse tipo, embora sejam economicamente equivalentes à compra de uma ação da capacidade de ganho de um indivíduo e, portanto, à escravidão parcial. Uma razão pela qual tais contratos não se tornaram comuns, apesar da lucratividade potencial tanto para o credor quanto para o tomador, está, presumivelmente, nos altos custos de administração, dadas a liberdade dos indivíduos de se deslocarem de um lugar para outros, a necessidade de obter declarações de renda precisas, bem como o longo período de duração dos contratos. Podemos presumir que tais custos seriam altos para investimentos em pequena escala com ampla distribuição geográfica dos indivíduos financiados, e os custos podem ser a principal razão pela qual esse tipo de investimento nunca foi desenvolvido sob os auspícios privados.

Parece bastante provável, no entanto, que um papel importante também tenha sido desempenhado pelo efeito cumulativo da novidade da ideia, a relutância em comparar estritamente o investimento em seres humanos ao investimento em ativos físicos, a probabilidade resultante da condenação pública e irracional de tais contratos, ainda que celebrados de maneira voluntária, e limitações legais e convencionais quanto aos tipos de investimentos que podem ser feitos pelos intermediários financeiros e em quais seria adequado se envolver, especificamente no caso de empresas de seguro de vida. Os ganhos potenciais, sobretudo para os primeiros participantes, são tão grandes

180 CAPÍTULO 6

que valeria a pena incorrer em custos administrativos extremamente pesados.[10]

Seja qual for o motivo, uma imperfeição do mercado levou ao subinvestimento em capital humano. A intervenção do governo pode, portanto, ser racionalizada tanto com base no "monopólio técnico", dado que os custos administrativos têm sido um obstáculo para o desenvolvimento desses investimentos, quanto na melhoria do funcionamento do mercado, pois os dilemas são apenas fricções e rigidez do mercado.

Se o governo intervier, como deve fazer isso? Uma intervenção óbvia, e a única adotada até hoje, é o subsídio direto ao ensino técnico ou à formação profissional financiado a partir das receitas gerais. O método parece claramente impróprio. Um investimento deve ser realizado até o ponto em que o retorno extra retribua o investimento e renda a taxa de juros de mercado sobre ele. Se o investimento for em um ser humano, o retorno extra assume a forma de um pagamento mais alto pelos serviços da pessoa do que ela poderia pretender em outra circunstância. Em uma economia de mercado, a pessoa obteria esse retorno

10   É divertido especular sobre como o negócio poderia ser feito e sobre métodos auxiliares de lucrar. Os participantes iniciais poderiam escolher os melhores investimentos, impondo padrões de qualidade muito elevados às pessoas que estariam dispostos a financiar. Se o fizessem, aumentariam a lucratividade do investimento com o reconhecimento público da qualidade superior das pessoas financiadas: a legenda "Formação profissional financiada pela Companhia de Seguros XYZ" poderia se transformar em uma garantia de qualidade (assim como "Aprovado pelo Good Housekeeping", uma organização que concede certificação) e atrair clientes. Todos os outros tipos de serviços comuns poderiam ser prestados pela empresa XYZ a "seus" médicos, advogados, dentistas etc.

## O PAPEL DO GOVERNO NA EDUCAÇÃO

na forma de renda pessoal. Se o investimento fosse subsidiado, ela não teria arcado com nenhum dos custos. Em consequência, se fossem dados subsídios a todos que desejassem receber formação profissional e pudessem atender aos padrões mínimos de qualidade, tenderia a haver um superinvestimento em seres humanos, pois as pessoas teriam incentivo para obter formação profissional, desde que produzissem algum retorno extra sobre os custos privados, mesmo que o retorno fosse insuficiente para reembolsar o capital investido, ainda mais se houvesse rendimento de juros. Para evitar esse superinvestimento, o governo teria de restringir os subsídios. Mesmo sem considerar a dificuldade de calcular o montante "correto" de investimento, isso envolveria racionar, de forma essencialmente arbitrária, o limitado montante de investimento entre mais pretendentes do que seria possível financiar. Os afortunados que tivessem a formação subsidiada receberiam todos os retornos do investimento, enquanto os custos seriam arcados pelos contribuintes em geral — uma redistribuição de renda inteiramente arbitrária e quase com certeza perversa.

O desejável não é redistribuir renda, mas ter capital disponível em termos equivalentes para investimento humano e físico. As pessoas devem arcar com os custos do investimento nelas mesmas e receber as recompensas. Não devem ser impedidas, por imperfeições do mercado, de investir quando estão dispostas a arcar com os custos. Um modo de alcançar esse resultado é com o envolvimento do governo em investimentos de capital igualitários em seres humanos. Um órgão governamental poderia se oferecer para financiar ou ajudar a financiar a formação profissional de qualquer pessoa que atendesse aos padrões mínimos de qualidade. Seria disponibilizada uma quantia limitada por ano durante determinado número de anos, desde que os recursos fossem aplicados na formação profissional em uma instituição reconhecida. O indivíduo, em troca, concordaria, em cada ano futuro, em pagar ao governo, para cada mil dólares que tivesse recebido, uma porcentagem específica de seus ganhos superiores a uma quantia especificada. Esse pagamento poderia ser combinado com o pagamento do imposto de renda e, portanto, envolver despesas administrativas adicionais mínimas. O valor mínimo deve ser igual ao rendimento médio estimado sem a formação profissional especializada; a fração dos rendimentos pagos deve ser calculada de forma a tornar todo o projeto autofinanciável. Dessa forma, as pessoas que tivessem recebido a formação arcariam, de fato, com o custo total. O valor investido poderia, então, ser determinado pela escolha individual. Desde que essa fosse a única maneira pela qual o governo financiasse o ensino técnico ou a formação profissional, e desde que os ganhos estimados refletissem todos os retornos e custos relevantes, a livre escolha tenderia a produzir a quantidade ideal de investimento.

É provável que a segunda condição, infelizmente, não seja atendida de todo, pela impossibilidade de se incluírem os ganhos não pecuniários mencionados. Na prática, portanto, o investimento de acordo com o plano ainda seria muito pequeno e não teria distribuição ideal.[11]

---

11 Agradeço a Harry G. Johnson e a Paul W. Cook Jr. por sugerirem a inclusão desta restrição. Para uma discussão mais completa sobre o papel das vantagens e desvantagens não pecuniárias na determinação dos ganhos em diferentes atividades, vide Friedman e Kuznets, *op. cit.*

O PAPEL DO GOVERNO NA EDUCAÇÃO

Por diversas razões, seria preferível que as instituições financeiras privadas e as instituições sem fins lucrativos, como fundações e universidades, desenvolvessem esse plano. Por causa das dificuldades envolvidas na estimativa dos rendimentos básicos e devido à parcela dos rendimentos que excedem a base a ser paga ao governo, há um grande perigo de que a proposta se transforme em um futebol político. As informações sobre os atuais rendimentos em várias profissões apenas contribuiriam para uma estimativa aproximada dos valores que tornariam o projeto autofinanciável. Além disso, os rendimentos básicos e a parcela devem variar de um indivíduo a outro, de acordo com diferenças na capacidade de ganho esperada que possa ser prevista com antecedência, da mesma forma que os prêmios de seguro de vida variam entre grupos que têm diferentes expectativas de vida.

Na medida em que as despesas administrativas são o obstáculo para o desenvolvimento de tal plano com recursos privados, a esfera governamental apropriada para disponibilizar esses recursos é o governo federal, não as esferas menores da federação. Qualquer estado teria os mesmos custos que uma seguradora, digamos, para manter o controle das pessoas financiadas. Isso seria minimizado, embora não eliminado, no caso do governo federal. Uma pessoa que tenha migrado para outro país, por exemplo, ainda poderá ser legal ou moralmente obrigada a pagar a parcela acordada de seus ganhos, mas pode ser difícil e caro exigir o cumprimento dessa obrigação. Pessoas muito bem-sucedidas podem, portanto, ter um incentivo para migrar. Ocorre um problema semelhante com o imposto de renda, e em uma amplitude muito maior. Esse e outros problemas administrativos para conduzir o projeto em nível federal, embora sem dúvida problemáticos nos detalhes, não parecem sérios. O problema sério é o político, já mencionado: como evitar que o projeto se transforme em um futebol político, deixando de ser um programa de autofinanciamento para se converter em um meio de subsidiar o ensino profissionalizante.

Mas, se o perigo é real, a oportunidade, também. As imperfeições do mercado de capitais tendem a restringir a formação técnica e profissionalizante mais cara a pessoas cujos pais ou benfeitores podem financiar a formação requerida. Fazem dessas pessoas um grupo "não concorrente", protegido da concorrência pela indisponibilidade do capital necessário para muitas pessoas capazes. O resultado é a perpetuação das desigualdades de riqueza e status. O desenvolvimento de projetos como os descritos aqui tornaria o capital mais amplamente disponível e, assim, contribuiria muito para tornar a igualdade de oportunidades uma realidade, diminuir as desigualdades de renda e riqueza e promover o uso pleno de nossos recursos humanos. E o faria sem impedir a competição, sem destruir os incentivos e sem lidar com os sintomas, como ocorreria em uma redistribuição direta de renda, mas fortalecendo a competição, aumentando a eficácia dos incentivos e eliminando as causas da desigualdade.

# CAPÍTULO 7
# CAPITALISMO E DISCRIMINAÇÃO

É um fato histórico notável que o desenvolvimento do capitalismo esteja relacionado a uma grande redução na desvantagem de determinados grupos religiosos, raciais ou sociais para exercerem suas atividades econômicas; eles costumavam ser, como se diz, mais discriminados. A substituição das regras de status por acordos contratuais foi o primeiro passo para a libertação dos servos na Idade Média. A preservação dos judeus ao longo desse período foi possível devido à existência de um setor de mercado no qual podiam exercer atividades e se manter, apesar da perseguição oficial.

Puritanos e Quakers puderam migrar para o Novo Mundo porque acumularam recursos para tanto, apesar das dificuldades impostas em outros aspectos de suas vidas. Os estados do sul, depois da Guerra Civil, adotaram diversas medidas para impor restrições legais aos negros. Uma medida que nunca foi adotada em nenhum grau foi o estabelecimento de barreiras à propriedade de bens imóveis ou pessoais. Não impor essas barreiras certamente não refletia qualquer preocupação especial em evitar restrições aos negros. Refletia, sim, uma confiança fundamental na propriedade privada, forte a ponto de superar o desejo de discriminar os negros. A manutenção das regras gerais da propriedade privada e do capitalismo é uma importante fonte de oportunidades para os negros e permite que progridam mais do que poderiam de outro modo. Para dar um exemplo mais geral, os territórios da discriminação em qualquer sociedade são as áreas de caráter mais monopolista, ao passo que a discriminação contra grupos de determinada cor ou religião é menor nas áreas onde existe maior liberdade de concorrência.

Como foi mostrado no capítulo 1, um dos paradoxos da experiência é que, apesar dessa evidência histórica, com frequência vêm justamente dos grupos minoritários os mais numerosos e aguerridos defensores das mudanças radicais em uma sociedade capitalista. Eles tendem a atribuir ao capitalismo as restrições residuais que sofrem, em vez de reconhecer que o livre mercado é o principal fator a permitir que tais restrições sejam pequenas.

Já vimos como um livre mercado distingue a eficiência econômica das características irrelevantes. Conforme observado no capítulo 1, quem compra pão não sabe se foi feito com trigo cultivado por um homem branco ou negro, por um cristão ou judeu. Assim, o produtor de trigo está em condições de usar os recursos do modo mais eficaz que puder, não importa a atitude da comunidade com relação a cor, religião ou outras características das pessoas que ele contrata. Além disso, e talvez mais importante, no livre mercado há incentivo econômico para distinguir a eficiência econômica de outras características do indivíduo. Um empresário ou empreendedor que expressa preferências em atividades empresariais não relacionadas à eficiência produtiva está em desvantagem em comparação com aqueles que não o fazem. Está, na verdade, impondo custos mais elevados a si mesmo do que os indivíduos que não manifestam preferências. A consequência, no livre mercado, é que os outros tenderão a deixá-lo de fora.

Esse fenômeno tem um alcance muito mais amplo. Considera-se, em geral, que a pessoa que discrimina outras por raça, religião, cor, ou o que quer que seja, não incorre em custos ao fazê-lo, mas simplesmente impõe custos aos outros. Tal visão se equipara à falácia muito semelhante de que um país que impõe tarifas sobre os produtos de outros países não se prejudica.[1] Mas as duas concepções estão equivocadas. Quem se opõe a comprar de um homem negro ou a trabalhar com ele, por exemplo, limita seu campo de escolha. Em geral, terá de pagar um preço mais alto pelo que compra ou receber um retorno menor por seu trabalho. Ou, dito de outra forma, aqueles que entre nós consideram a cor da pele ou a religião irrelevantes, como resultado, têm a possibilidade de comprar coisas mais baratas.

Tais comentários sugerem que existem problemas reais em definir e interpretar a discriminação. O homem que pratica a discriminação paga um preço por isso. Está,

---

1 Em uma análise brilhante e sagaz de algumas questões econômicas relacionadas com a discriminação, Gary Becker demonstra que o problema da discriminação tem uma estrutura lógica idêntica à do comércio exterior e das tarifas. Ver BECKER, G. S. *The Economics of Discrimination* [A economia da discriminação]. Chicago: University of Chicago Press, 1957.

por assim dizer, "comprando" o que considera um "produto". É difícil achar que a discriminação possa ter outro significado além de um "gosto" que os outros têm do qual não se compartilha. Não consideramos "discriminação" — ou, pelo menos, não no mesmo sentido preconceituoso — se um indivíduo está disposto a pagar um preço mais alto para ouvir um cantor do que outro, embora consideremos "discriminação" se ele estiver disposto a pagar um preço mais alto para ter os serviços prestados por uma pessoa de determinada cor do que por uma pessoa de outra cor. A diferença entre os dois casos é que, no primeiro, compartilhamos do mesmo gosto e, no outro, não. Existe alguma diferença de princípio entre o gosto que leva um chefe de família a preferir um empregado atraente a um feio e o gosto que leva um outro a preferir um negro a um branco ou um branco a um negro, exceto pelo fato de que simpatizamos e concordamos com aquele gosto e talvez não com o outro? Não quero dizer que todos os gostos sejam igualmente bons. Pelo contrário, acredito firmemente que a cor da pele de um indivíduo ou a religião de seus pais não são, por si só, razões para tratá-lo de maneira diferente; acredito que uma pessoa deve ser julgada pelo que é e faz, não por características externas. Deploro o que me parece preconceito e estreiteza de perspectiva naqueles cujos gostos se diferem dos meus a esse respeito, e os menosprezo por isso. Mas, em uma sociedade que tem por base a discussão livre, o recurso apropriado é tentar persuadi-los de que seus gostos são ruins e que devem mudar seus pontos de vista e comportamento, não usar o poder coercitivo para impor meus gostos e minhas atitudes para com os outros.

## Legislação sobre práticas justas de emprego

Em vários estados, foram criadas comissões de práticas justas de emprego que têm a tarefa de impedir a "discriminação" no trabalho por motivo de raça, cor ou religião. Essa legislação implica naturalmente a interferência na liberdade dos indivíduos de firmar contratos voluntários entre si, submetendo qualquer contrato à aprovação ou desaprovação do estado. Portanto, é uma interferência direta na liberdade, do tipo que objetaríamos na maioria de outros contextos. Além disso, como acontece com a maioria das outras interferências na liberdade, os indivíduos sujeitos à lei podem muito bem não ser aqueles cujas ações os legisladores desejam controlar.

Por exemplo, considere uma situação em que mercearias atendem um bairro habitado por pessoas com forte aversão a serem servidas por funcionários negros. Suponha que uma das mercearias tenha uma vaga para balconista, e o primeiro candidato qualificado em outros aspectos é, por acaso, negro. Vamos supor que, como resultado da lei, o estabelecimento seja obrigado a contratá-lo. O efeito dessa ação será a redução dos negócios e a imposição de prejuízo ao proprietário. Se a preferência da comunidade for muito forte, pode até levar ao fechamento da mercearia. Quando o dono do estabelecimento, na ausência da lei, contrata balconistas preferencialmente brancos, ele pode não estar expressando qualquer preferência, preconceito ou gosto pessoal. Ele pode, apenas, estar repercutindo os gostos da comunidade. Está, de certo modo, oferecendo aos consumidores os serviços pelos quais estão dispostos a pagar. No entanto, ele é prejudicado, e, de fato, pode ser o único seriamente prejudicado, por uma lei que proíba que ele exerça tal atividade, ou seja, ele é proibido de agradar aos gostos da comunidade ao ter um funcionário branco em vez de um negro. Os consumidores, cujas preferências a lei pretende restringir, serão afetados substancialmente apenas na medida em que o número de estabelecimentos seja limitado e, portanto, tenham de pagar preços mais altos porque um deles fechou. Essa análise pode ser generalizada. Em boa parte dos casos, os empregadores repercutem a preferência de seus clientes ou de seus outros funcionários ao adotarem políticas de emprego que tratam de fatores irrelevantes para questões técnicas de produtividade física como se fossem relevantes para o emprego. Na verdade, os empregadores costumam ter um incentivo, como observado anteriormente, para tentar encontrar maneiras de contornar as preferências de seus consumidores ou de seus empregados se essas preferências impõem custos mais altos.

Os proponentes do Comitê de Práticas Justas de Emprego (FEPC, na sigla em inglês) argumentam que a interferência na liberdade das pessoas de celebrar contratos entre si no que diz respeito ao emprego se justifica porque o indivíduo que se recusa a contratar um negro em vez de um branco, quando ambos são igualmente qualificados em termos de capacidade produtiva física, prejudica terceiros, ou seja, pessoas que, por sua cor ou grupo religioso, tenham sua oportunidade de emprego limitada. Esse argumento envolve uma séria confusão entre dois tipos muito diferentes de dano. Um tipo é o dano positivo que um indivíduo causa a outro pela força física, ou por obrigá-lo a celebrar um contrato sem seu consentimento. Um exemplo óbvio é o homem que bate na cabeça de outro com um cassetete. Um exemplo menos óbvio é a poluição de córregos, discutida no capítulo 2. O segundo tipo é o dano negativo ocorrido quando dois indivíduos não conseguem firmar contratos mutuamente aceitáveis, como quando não estou disposto a comprar algo que alguém quer me vender e, portanto, deixo-o pior do que ficaria se eu comprasse o item. Se a comunidade em geral prefere cantores de *blues* a cantores de ópera, certamente aumentará o bem-estar econômico do primeiro grupo em comparação com o segundo. Se um cantor de *blues* em potencial pode encontrar emprego e um cantor de ópera em potencial, não, isso significa que o cantor de *blues* presta um serviço pelo qual a comunidade considera que vale a pena pagar, enquanto o potencial cantor de ópera, não. O potencial cantor de ópera é "prejudicado" pelo gosto da comunidade. Ele seria beneficiado e o cantor de *blues*, "prejudicado", se o gosto fosse inverso. É claro que esse tipo de dano não envolve nenhuma troca involuntária, imposição de custos ou concessão de benefícios a terceiros. Há fortes motivos para recorrer ao governo a fim de impedir que uma pessoa imponha danos positivos aos outros, ou seja, para impedir a coerção. Não se justifica, de modo algum, recorrer ao governo para evitar o tipo negativo de "dano". Pelo contrário, essa intervenção do governo reduz a liberdade e limita a cooperação voluntária.

A legislação do FEPC implica a aceitação de um princípio que os proponentes considerariam abominável em quase todas as demais aplicações. Se é correto para o Estado dizer que os indivíduos não podem discriminar outros no emprego por causa da cor, raça ou religião, então é igualmente correto para o Estado, desde que se encontre uma maioria que vote dessa forma, dizer que os indivíduos devem discriminar as pessoas no emprego com base na cor, raça ou religião. As leis de Nuremberg, de Hitler, e as dos estados do sul dos Estados Unidos, que estabeleceram desvantagens para os negros, são exemplos de leis, em princípio, semelhantes às do FEPC. Os que se opõem a essas leis e que são a favor do FEPC não podem argumentar que há algo errado com elas em princípio, ao implicar um tipo de ação estatal que não deveria ser permitido. Só podem argumentar que os critérios específicos usados são irrelevantes. Só podem tentar persuadir outros homens de que devem usar outros critérios em vez desses.

Se alguém fizer uma ampla varredura na história e buscar coisas das quais a maioria teria sido persuadida se cada caso individual fosse decidido por seus méritos, não como parte de um princípio geral, restam poucas dúvidas de que o efeito de uma aceitação ampla da conveniência da conduta governamental nessa área seria extremamente indesejável, mesmo do ponto de vista daqueles que no momento são a favor do FEPC. Se, no momento, os proponentes do FEPC estão em condições de fazer valer seu ponto de vista, é apenas por causa de uma situação constitucional e federal em que a maioria de certa região do país está em condições de impor seu ponto de vista a uma maioria de outra parte do país.

Via de regra, qualquer minoria que conta com a ação específica de uma maioria para defender seus interesses é míope ao extremo. A aceitação de um decreto geral de autorregulamentação aplicável a um grupo de casos pode inibir maiorias específicas de explorarem minorias específicas. Na ausência de tal decreto, certamente pode-se esperar que as maiorias usem seu poder para fazer valer suas preferências ou, se preferir, seus preconceitos, para não proteger as minorias dos preconceitos das maiorias.

Apresentando a questão de outra forma, talvez mais explícita, considere um indivíduo que acredita que o padrão atual de gostos é indesejável e que os negros têm menos oportunidades do que gostaria que tivessem. Suponha que ele coloque em prática sua convicção, escolhendo sempre o candidato negro a empregos para os quais há um número de candidatos proximamente qualificados em outros aspectos. Nas atuais circunstâncias, ele deveria ser impedido de fazer isso? Pela lógica do FEPC, é claro que sim.

A contrapartida para o emprego justo na área onde esses princípios talvez tenham sido mais praticados, ou seja, na área da expressão, é "expressão justa" em vez de liberdade de expressão. A esse respeito, a posição da União Americana pelas Liberdades Civis (ACLU, na sigla em inglês) parece totalmente contraditória. Favorece tanto a liberdade de expressão quanto as leis trabalhistas justas. Uma forma de justificar a liberdade de expressão é que não acreditamos ser desejável que maiorias momentâneas decidam o que sempre deve ser considerado a expressão apropriada. Queremos um livre mercado de ideias, de modo que as ideias tenham a chance de ganhar aceitação majoritária ou quase unânime, mesmo que de início defendidas apenas por alguns. Exatamente as mesmas considerações se aplicam ao emprego ou, de modo geral, ao mercado de bens e serviços. Será mesmo desejável que maiorias momentâneas decidam quais características são relevantes para um emprego, assim como qual modo de falar é apropriado? Será que de fato é possível preservar por muito tempo a liberdade de um mercado de ideias se a liberdade de um mercado de bens e serviços for destruída? A ACLU lutará até a morte para proteger o direito de um racista de pregar em uma esquina a doutrina da segregação racial. Mas será favorável a colocá-lo na prisão se ele agir de acordo com esses mesmos princípios, recusando-se a contratar um negro para determinado trabalho.

Como já enfatizamos, o recurso adequado para os que, como nós, acreditam que determinado critério, como a cor, é irrelevante, é persuadir nossos companheiros a ter a mesma opinião, não usar o poder coercitivo do Estado para forçá-los a agir de acordo com nossos princípios. De todos os grupos, a ACLU deve ser o primeiro a reconhecer e proclamar que seja assim.

## Leis sobre o direito ao trabalho

Alguns estados aprovaram as chamadas leis do "direito ao trabalho". São leis que tornam ilegal exigir a filiação a um sindicato como condição de emprego.

Os princípios envolvidos nas leis do direito ao trabalho são idênticos aos envolvidos no FEPC. Tanto uns quanto os outros interferem na liberdade do contrato de trabalho: em um caso, especificando que determinada cor ou religião não pode ser considerada uma condição de emprego; no outro, que a filiação a um sindicato não pode ser exigida. Apesar da identidade de princípios, há quase 100% de divergência de pontos de vista com respeito às duas leis. Quase todos os que defendem o FEPC se opõem ao direito ao trabalho; quase todos os que defendem o direito ao trabalho se opõem ao FEPC. Como liberal, sou contrário a ambos, assim como sou contra as leis que proíbem o chamado contrato do "cachorro amarelo" (um contrato que torna a não adesão a um sindicato uma condição de emprego).

CAPITALISMO E DISCRIMINAÇÃO

Dada a competição entre empregadores e empregados, parece não haver motivo para que os empregadores não tenham a liberdade de oferecer quaisquer condições que desejem estipular para seus empregados. Em alguns casos, os empregadores descobrem que os empregados preferem que parte de sua remuneração seja paga na forma de comodidades como campos de beisebol ou áreas de recreação ou melhores instalações de descanso, em vez de dinheiro. Os empregadores, então, descobrem que é mais lucrativo oferecer essas instalações como parte do contrato de trabalho do que oferecer salários mais altos em dinheiro. Da mesma forma, os empregadores podem oferecer planos de pensão ou exigir a participação em planos como esses e em similares. Nada disso implica qualquer interferência na liberdade dos indivíduos de encontrar emprego, apenas reflete uma tentativa dos empregadores de tornar as características do trabalho adequadas e atraentes para os funcionários. Havendo muitos empregadores, todos os empregados com necessidades específicas terão suas condições respeitadas ao encontrarem emprego nos empregadores correspondentes. Em condições de concorrência, o mesmo aconteceria com relação à empresa que só contrata empregados sindicalizados. Se de fato alguns funcionários preferissem trabalhar em empresas com o sistema de *loja fechada* [empregados sindicalizados], e outros, em empresas com o sistema de *loja aberta* [empregados não sindicalizados], seriam desenvolvidos diferentes contratos de trabalho, cada um com seu tipo de cláusulas.

Na prática, é claro, existem algumas diferenças importantes entre o FEPC e o direito ao trabalho. As diferenças são a presença do monopólio na forma de organizações sindicais do lado dos empregados e a presença de legislação federal a respeito dos sindicatos. É duvidoso que, para empregadores em um mercado de trabalho competitivo, seja de fato lucrativo oferecer o sistema de *loja fechada* como condição de emprego. Com frequência, pode-se encontrar sindicatos sem um forte poder de monopólio do lado da mão de obra; já em uma empresa do tipo *loja fechada*, ocorre o contrário. Quase sempre é um símbolo de poder de monopólio.

A coincidência entre uma *loja fechada* e o monopólio do trabalho não é argumento para uma lei do direito ao trabalho. É argumento para que sejam adotadas medidas para eliminar o poder de monopólio, não importam as formas e manifestações particulares que ele assume. É argumento para uma ação antitruste mais efetiva e ampla no campo do trabalho.

Outra característica especial importante na prática é o conflito entre as leis federais e estaduais e a existência, no momento, de uma lei federal que se aplica a todos os estados e só deixa uma brecha para que cada estado atue individualmente com a aprovação de uma lei que estabeleça o direito ao trabalho. A solução ideal seria a revisão dessa lei federal. A dificuldade é que nenhum estado está em condições de propor essa questão individualmente, embora as pessoas de alguns estados possam querer essa mudança na legislação que rege a organização sindical da região. A lei do direito ao trabalho pode ser o único modo eficaz de garantir isso e, portanto, o menor dos males. Em parte, por estar inclinado a acreditar que uma lei do direito ao trabalho, sozinha, não terá grande efeito sobre o poder de monopólio dos sindicatos, não aceito essa justificativa. Os argumentos práticos me parecem muito fracos para se contraporem à objeção de princípio.

## A *segregação na escolarização*

A segregação na escolarização levanta um problema específico que só não foi abordado nos comentários anteriores por um único motivo. É que, nas atuais circunstâncias, a escolarização é comandada e administrada sobretudo pelo governo. Isso significa que o governo deve tomar uma decisão explícita, impondo a segregação ou a integração. As duas coisas me parecem soluções ruins. Aqueles entre nós que acreditam que a cor da pele é uma característica irrelevante e que é importante que todos reconheçam isso, mas que também acreditam na liberdade individual, enfrentam um dilema. Se for preciso escolher entre os males da segregação forçada ou da integração forçada, eu particularmente consideraria impossível não escolher a integração.

O capítulo anterior, escrito, a princípio, sem qualquer relação com o problema da segregação ou da integração, oferece a solução apropriada que permite evitar os dois males — um belo exemplo de como medidas adotadas para aumentar a liberdade em geral lidam com problemas da liberdade em particular. A solução adequada é tirar o governo do controle das escolas e permitir que os pais escolham o tipo de escola que desejam que seus filhos frequentem. Além disso, é claro, devemos todos tentar, na medida do possível, por meio do exemplo e da palavra, estimular atitudes e opiniões que façam das escolas mistas a regra, e, das escolas segregacionistas a rara exceção.

Se fosse adotada uma proposta como a do capítulo anterior, surgiria uma grande variedade de escolas, algumas só com brancos, outras só com negros, algumas mistas. Isso levaria a uma transição gradual de um tipo de escolas para outro — preferencialmente as mistas —, à medida que as atitudes da comunidade mudassem. Evitaria o agressivo conflito político que tanto tem contribuído para aumentar as tensões sociais e desorganizar a comunidade. Permitiria, nessa área em particular, como faz o mercado em geral, cooperação sem conformidade.[2]

O estado da Virgínia adotou um plano que tem muitas características em comum com o descrito no capítulo anterior. Embora a medida tenha sido adotada com o propósito de evitar a integração compulsória, prevejo que os efeitos finais da lei serão muito diferentes — afinal, a diferença entre resultado e intenção é uma das principais justificativas de uma sociedade livre; é desejável que os homens sigam a tendência de seus próprios interesses, pois não há como saber onde vão dar. Na verdade, mesmo nos estágios iniciais já houve surpresas. Disseram-me que um dos primeiros pedidos de *voucher* para financiar uma mudança de escola foi de um pai que transferiu uma criança de uma escola segregada para outra integrada. A transferência não foi solicitada para esse fim, mas simplesmente porque a escola integrada era a melhor instituição em termos de ensino. Olhando mais adiante, se o sistema de *vouchers* não for abolido, a Virgínia fornecerá um caso que permita testar as conclusões do capítulo anterior. Se estiverem corretas, é possível que vejamos um florescimento das escolas disponíveis na Virgínia, com ampliação da diversidade, um aumento substancial, se não espetacular, na qualidade das

---

2    Para evitar mal-entendidos, deve-se observar explicitamente que, ao falar da proposta no capítulo anterior, estou pressupondo que os requisitos mínimos impostos às escolas para que os *vouchers* possam ser usados não incluem se a escola é segregada ou não.

escolas de ponta e, posteriormente, um aumento na qualidade das demais sob o estímulo das líderes.

Por outro lado, não devemos ser ingênuos a ponto de supor que valores e crenças arraigados possam ser extirpados pela lei em um curto espaço de tempo. Eu moro em Chicago, que não tem nenhuma lei que obrigue a segregação. As leis exigem integração. No entanto, na realidade, as escolas públicas de Chicago são provavelmente tão segregadas quanto as da maioria das cidades do sul. É muito provável que, se o sistema da Virgínia fosse introduzido em Chicago, o resultado seria uma diminuição considerável na segregação e um grande aumento de oportunidades disponíveis para os jovens negros mais capazes e ambiciosos.

# CAPÍTULO 8
# MONOPÓLIO E RESPONSABILIDADE SOCIAL DA EMPRESA E DO TRABALHADOR

A competição tem dois significados muito diferentes. Na fala comum, competição significa rivalidade pessoal, um indivíduo buscando superar seu concorrente conhecido. No mundo econômico, competição significa quase o oposto. Não há rivalidade pessoal no mercado competitivo. Não há disputas pessoais. Em um livre mercado, o produtor de trigo não se sente em rivalidade pessoal ou ameaçado pelo vizinho que é, na verdade, seu concorrente. A essência de um mercado competitivo é a impessoalidade. Nenhum participante pode determinar os termos em que os outros terão acesso a bens ou empregos. Os preços considerados são os do mercado, e ninguém consegue ter, sozinho, mais do que uma influência insignificante sobre esse fator, embora todos os participantes juntos determinem o preço pelo efeito conjunto de suas ações distintas.

O monopólio acontece quando uma pessoa ou empresa tem o controle de certo produto ou serviço a ponto de determinar significativamente os termos em que outros terão acesso a tais itens. De certa forma, o monopólio se aproxima do conceito comum de competição, pois envolve rivalidade pessoal.

O monopólio gera dois tipos de problemas para uma sociedade livre. Primeiro, sua existência significa uma limitação de troca voluntária causada pela redução das alternativas disponíveis. Em segundo lugar, a existência do monopólio levanta a questão da "responsabilidade social", como passou a ser chamada, de quem o controla. Quem participa de um mercado competitivo não tem poder suficiente para alterar as condições de negociação e dificilmente pode ser visto como uma entidade distinta; portanto, é difícil argumentar que essa pessoa tem qualquer "responsabilidade social", exceto aquela compartilhada por todos os cidadãos: obedecer à lei do país e viver de acordo com sua visão. O monopolista pode ser visto e tem poder. É fácil argumentar que ele deve exercer seu poder não apenas para promover seus próprios interesses, mas também para promover fins socialmente desejáveis. No entanto, a aplicação generalizada de tal doutrina destruiria uma sociedade livre.

Claro, a competição é ideal, como uma linha ou ponto euclidiano. Ninguém jamais viu uma linha euclidiana — que tem zero de largura e profundidade —, mas todos achamos útil considerar volumes euclidianos, como a corda de um topógrafo, uma linha euclidiana. Da mesma forma, a chamada "competição pura" não existe. Cada produtor exerce algum efeito, por menor que seja, no preço de seu produto. A questão importante para a compreensão e para a política é se esse efeito é significativo ou pode ser devidamente ignorado, como o topógrafo pode ignorar a espessura do que ele chama de "linha". A resposta depende necessariamente do problema. Mas, ao estudar a atividade econômica nos Estados Unidos, fui ficando cada vez mais impressionado com a variedade de problemas e de setores em que é adequado tratar a economia como competitiva.

As questões que o monopólio gera são técnicas e cobrem um campo no qual não tenho competência especial. Em consequência, este capítulo se limita a uma pesquisa bastante superficial de algumas das questões mais amplas: a extensão do monopólio, as fontes de monopólio, a política governamental adequada e a responsabilidade social da empresa e dos trabalhadores.

## A *extensão do monopólio*

Existem três áreas importantes que requerem considerações distintas: o monopólio nas empresas, da mão de obra e o produzido pelo governo.

1. *Monopólio nas empresas.* O fato mais importante sobre o monopólio empresarial é sua relativa insignificância do ponto de vista da economia como um todo. Há cerca de quatro milhões de empresas operando separadamente nos Estados Unidos; a cada ano, umas quatrocentas mil novas são abertas; um número um pouco menor é fechado. Quase um quinto da população ativa trabalha por conta própria. Em quase todo setor que se possa mencionar, gigantes e pigmeus andam lado a lado.

Além dessas impressões gerais, é difícil citar uma medida objetiva satisfatória da extensão do monopólio e da concorrência. A principal razão já foi mencionada:

esses conceitos, conforme usados na teoria econômica, são construções ideais projetadas para analisar problemas particulares, em vez de descrever situações existentes. Por esse motivo, não se pode determinar com clareza se determinada empresa ou indústria deve ser considerada monopolística ou competitiva. A dificuldade de atribuir significados precisos a termos como esses leva a muitos mal-entendidos. A mesma palavra é usada para se referir a coisas diferentes, dependendo do contexto de experiência em termos do qual o estado de concorrência é julgado. Talvez o exemplo mais notável seja até que ponto um estudante americano descreverá como monopolistas as condições que um europeu consideraria altamente competitivas. Como resultado, os europeus, ao interpretarem a literatura americana e a discussão quanto ao significado atribuído aos termos *concorrência* e *monopólio* na Europa, tendem a acreditar que há um grau de monopólio muito maior nos Estados Unidos do que de fato existe.

Vários estudos, em particular os de G. Warren Nutter e George J. Stigler, tentaram classificar os mercados entre monopolistas, funcionalmente competitivos e administrados ou supervisionados pelo governo, e rastrear as mudanças que essas categorias sofreram ao longo do tempo.[1] Eles concluíram que, a partir de 1939, pode-se considerar que cerca de um quarto da economia era administrado ou

---

1 NUTTER, G. Warren. *The Extent of Enterprise Monopoly in the United States, 1899-1939* [A extensão do monopólio empresarial nos Estados Unidos, 1899-1939]. Chicago: University of Chicago Press, 1951; e STIGLER, George J. *Five Lectures on Economic Problems* [Cinco palestras sobre problemas econômicos]. Londres; Longmans; Green, 1949. pp. 46-65.

supervisionado pelo governo. Dos três quartos restantes, no máximo um, talvez apenas uns 15%, seriam considerados monopolistas; ao menos três quartos, talvez até 85%, seriam considerados competitivos. É claro que o setor administrado ou supervisionado pelo governo cresceu muito na última metade do século. No setor privado, por outro lado, parece não ter havido qualquer tendência para a expansão do monopólio, que pode até ter diminuído.

Há uma impressão generalizada de que o monopólio tem importância muito maior do que mostram essas estimativas e que vem crescendo continuamente ao longo do tempo. Uma razão para essa impressão equivocada é a tendência de que se confunda tamanho absoluto com tamanho relativo. Com o crescimento da economia, as empresas tornaram-se maiores em tamanho absoluto. Isso foi interpretado como se elas também representassem uma fração maior do mercado, ao passo que o mercado pode ter crescido ainda mais rápido. Uma segunda razão é que o monopólio chama mais a atenção e ganha mais destaque do que a concorrência. Se solicitadas a listar os principais setores dos Estados Unidos, quase todas as pessoas incluiriam a produção de automóveis, e poucas incluiriam o comércio atacadista. No entanto, esse setor é duas vezes mais importante do que o automobilístico. O comércio atacadista é altamente competitivo, portanto, chama pouca atenção. Poucas pessoas poderiam citar o nome de qualquer empresa líder no comércio atacadista, embora existam algumas de fato muito grandes em tamanho absoluto. A produção de automóveis, embora em certos aspectos seja bastante competitiva, tem muito menos empresas e está certamente mais perto do monopólio. Todo mundo sabe dizer o nome das principais empresas produtoras de automóveis. Para citar outro exemplo notável: o serviço doméstico é um setor muito mais importante do que o do telégrafo e o de telefonia. Uma terceira razão é o viés geral e a tendência a enfatizar demais a importância do grande em relação ao pequeno, e o ponto anterior é apenas uma manifestação particular disso. Finalmente, a principal característica de nossa sociedade é ser considerada por seu caráter industrial. Isso leva a uma ênfase exagerada no setor manufatureiro da economia, que responde por apenas cerca de um quarto da produção ou do emprego. E o monopólio é muito mais predominante na manufatura do que em outros setores da economia.

A estimativa exagerada da importância do monopólio é acompanhada, pelas mesmas razões, de uma estimativa exagerada da importância das mudanças tecnológicas que promovem o monopólio, em comparação com aquelas que ampliam a concorrência. Por exemplo, a disseminação da produção em massa foi fortemente enfatizada. O desenvolvimento nos transportes e nas comunicações que promoveu a concorrência, reduzindo a importância dos mercados regionais locais e ampliando o campo em que a concorrência poderia ocorrer, recebeu muito menos atenção. A crescente concentração da indústria automobilística é um lugar-comum; o crescimento da indústria de caminhões, que reduz a dependência de grandes ferrovias, passa desapercebido; o mesmo acontece com o declínio da concentração na indústria do aço.

2. *Monopólio da mão de obra*. Há uma tendência semelhante de superestimar a importância do monopólio no lado da mão de obra. Os sindicatos de trabalhadores incluem cerca de um quarto da população ativa, e esse

fato superestima consideravelmente a importância dos sindicatos na estrutura salarial. Muitos sindicatos são totalmente ineficazes. Mesmo aqueles que são fortes e poderosos têm apenas um efeito limitado nos salários. É ainda mais evidente para os trabalhadores do que para a indústria por que existe uma forte tendência de superestimar a importância do monopólio. Uma vez constituído o sindicato, qualquer aumento de salário virá por meio dele, mesmo que não seja uma consequência da organização sindical. Os salários dos empregados domésticos aumentaram muito nos últimos anos. Se fosse uma categoria sindicalizada, o aumento teria vindo pelo sindicato e seria atribuído a ele.

Isso não quer dizer que os sindicatos não sejam importantes. Como o monopólio empresarial, desempenham um papel significativo, tornando muitos salários diferentes do que o mercado estabeleceria por conta própria. Subestimar sua importância é tão errado quanto superestimá-la. Certa vez, fiz uma estimativa aproximada de que, devido aos sindicatos, em torno de 10% a 15% da população trabalhadora teve seus salários aumentados em cerca de 10% a 15%. Isso significa que por volta de 85% ou 90% da população ativa teve seus salários reduzidos em cerca de 4%.[2] Desde que fiz essas estimativas, já foram realizados estudos muito mais detalhados. Minha impressão é a de que produziram resultados da mesma ordem.

---

2    FRIEDMAN, Milton. "Some Comments on the Significance of Labor Unions for Economic Policy" [Alguns comentários sobre a importância dos sindicatos para a política econômica]. *In*: WRIGHT, David McCord (ed.). *The Impact of the Union* [O impacto do sindicato]. Nova York: Harcourt, Brace, 1951. pp. 204-34.

Se os sindicatos aumentam os salários de uma atividade profissional ou um setor empresarial, fatalmente reduzem a quantidade de empregos disponíveis naquela atividade profissional ou setor empresarial, assim como um preço mais alto reduz a quantidade comprada. O efeito é um aumento do número de pessoas procurando mudar de emprego, o que força a queda dos salários em outras profissões. Como os sindicatos costumam ser mais fortes entre os grupos que já seriam bem pagos, seu efeito tem sido o de tornar os trabalhadores bem pagos ainda mais bem pagos às custas dos trabalhadores com salários mais baixos. Os sindicatos, portanto, não prejudicaram apenas o público em geral e os trabalhadores como um todo, distorcendo o uso da mão de obra; também tornaram a renda da classe trabalhadora mais desproporcional, reduzindo as oportunidades disponíveis para os trabalhadores mais desfavorecidos.

Em um aspecto, há uma diferença importante entre o monopólio da mão de obra e o monopólio empresarial. Embora pareça não ter havido nenhuma tendência de aumento na importância do monopólio empresarial na última metade do século, certamente houve na importância do monopólio da mão de obra. A importância dos sindicatos de trabalhadores aumentou notavelmente durante a Primeira Guerra Mundial, diminuiu durante os anos 1920 e o início dos 1930, então deu um salto enorme no período do New Deal. Eles consolidaram seus ganhos durante e após a Segunda Guerra Mundial. De uns tempos para cá, estão apenas se mantendo ou até diminuindo. O declínio não reflete um declínio em determinados setores ou profissões, mas, sim, uma diminuição da importância daqueles setores ou profissões em que os sindicatos são fortes em relação àqueles em que são fracos.

A distinção que tenho traçado entre o monopólio da mão de obra e o monopólio empresarial é, em um aspecto, muito incisiva. Até certo ponto, os sindicatos de trabalhadores têm servido como meio de impor o monopólio na venda de um produto. O exemplo mais evidente está no carvão. O Guffey Coal Act, uma lei sobre o carvão, foi uma tentativa de proporcionar suporte jurídico na fixação de preços de um cartel de operadores de minas de carvão. Quando, em meados dos anos 1930, essa lei foi declarada inconstitucional, John L. Lewis e o Sindicato dos Mineiros entraram em ação. Ao convocar greves ou paralisações de trabalho toda vez que a quantidade de carvão na superfície ficava tão grande que ameaçava forçar a queda dos preços, Lewis controlava a produção e, por conseguinte, os preços, com a cooperação tácita da indústria. Os ganhos com a gestão desse cartel foram divididos entre as operadoras de minas de carvão e os mineiros. O ganho para os mineiros se deu na forma de salários mais altos, o que obviamente significava menos mineiros empregados. Como consequência, apenas os mineiros que mantiveram o emprego compartilhavam dos ganhos do cartel, e mesmo para eles grande parte dos ganhos vinha na forma de mais lazer. A possibilidade de os sindicatos agirem dessa forma decorre de sua dispensa da Lei Antitruste Sherman. Muitos outros sindicatos se aproveitaram desse recurso e são mais bem interpretados como empresas que vendem os serviços de cartelização de um setor empresarial, e não como organizações trabalhistas. O Sindicato Teamsters talvez seja o exemplo mais notável.

3. *Monopólio do governo e monopólio apoiado pelo governo.* Nos Estados Unidos, o monopólio direto do governo

na produção de bens para venda não é muito extenso. Os correios; a produção de energia elétrica, como a da TVA e de outras usinas públicas de energia; a prestação de serviços rodoviários, vendidos indiretamente por meio do imposto sobre a gasolina ou diretamente por pedágios; e o monopólio da água municipal e similares são os principais exemplos. Além disso, com um orçamento tão grande para a defesa, a exploração espacial e a pesquisa, o governo federal tornou-se, essencialmente, o único comprador dos produtos de muitas empresas e de setores industriais por inteiro. Isso representa problemas muito sérios para a preservação de uma sociedade livre, mas não do tipo que seria considerado sob o título de "monopólio".

O uso do governo para estabelecer, apoiar e assegurar a observância legal de sistemas de cartéis e de monopólios entre produtores privados cresceu muito mais depressa do que o monopólio direto do governo e hoje é muito mais importante. A Comissão de Comércio Interestadual é um exemplo antigo e ampliou seu campo de atuação de ferrovias para caminhões e outros meios de transporte. O programa agrícola é, sem dúvida, o mais notório. É essencialmente um cartel imposto pelo governo. Outros exemplos são a Comissão Federal de Comunicações, que controla o rádio e a televisão; a Comissão Federal de Energia, que controla a movimentação de petróleo e gás no comércio interestadual; o Conselho de Aeronáutica Civil, que controla as companhias aéreas; e o Conselho da Reserva Federal, que aplica as taxas máximas de juros que os bancos podem pagar sobre depósitos a prazo e proíbe o pagamento de juros sobre depósitos à vista.

Esses são os exemplos em nível federal. Além disso, proliferam ações semelhantes em nível estadual e local.

A Comissão Ferroviária do Texas, que eu saiba, não tem nada a ver com ferrovias, mas impõe restrições de produção em poços de petróleo, limitando o número de dias em que os poços podem produzir. E faz isso em nome da preservação, mas o objetivo, na verdade, é controlar preços. Recentemente, recebeu um forte apoio por meio de cotas federais de importação de petróleo. Deixar os poços de petróleo quase sempre ociosos para manter os preços elevados, a meu ver, é pagar um foguista de caldeiras a vapor, mas que trabalha em locomotivas a diesel, para ficar ocioso. No entanto, alguns representantes de empresas que são veementes em condenar cabides de emprego por considerarem uma violação da livre iniciativa — sobretudo a própria indústria do petróleo — silenciam quanto a esses empregos ociosos no setor petrolífero.

A concessão de licenças, discutida no próximo capítulo, é outro exemplo de monopólio criado e apoiado pelo governo em nível estadual. A restrição do número de táxis que podem operar em uma cidade exemplifica um controle semelhante em nível local. Em Nova York, a licença para operar um táxi independente é vendida por cerca de 20 mil a 25 mil dólares; na Filadélfia, por 15 mil dólares. Outro exemplo em nível local é a promulgação de códigos de construção, que, embora aparentemente pensados para manter a segurança pública, na verdade costumam estar sob o controle de sindicatos locais de construção ou associações de empreiteiros privados. Essas restrições são numerosas e se aplicam a uma variedade considerável de atividades, tanto em nível municipal quanto estadual. Todas constituem limitações arbitrárias à capacidade dos indivíduos de participar de trocas voluntárias entre si e restringem a liberdade enquanto, ao mesmo tempo, promovem o desperdício de recursos.

Uma espécie de monopólio criado pelo governo, cujo princípio é muito diferente dos considerados até aqui, é a concessão de patentes a inventores e de direitos autorais aos autores, que são diferentes porque também definem direitos de propriedade. Em um sentido literal, se eu tenho o direito de propriedade sobre determinado pedaço de terra, pode-se dizer que tenho ali um monopólio definido e assegurado pelo governo. Com respeito a invenções e publicações, o problema é se é desejável que se estabeleça um direito de propriedade análogo. Esse problema é parte da necessidade geral de usar o governo para estabelecer o que deve e o que não deve ser considerado propriedade.

Tanto em patentes quanto em direitos autorais, há claramente um forte argumento *prima facie* para o estabelecimento de direitos de propriedade. Se isso não for feito, será difícil ou impossível que o inventor cobre um pagamento pela contribuição que sua invenção traz para a produção, conferindo a terceiros benefícios pelos quais ele próprio não é compensado. Portanto, não há nenhum incentivo para dedicar o tempo e o esforço necessários para produzir a invenção. Considerações semelhantes se aplicam a escritores.

Ao mesmo tempo, há despesas envolvidas. Por um lado, existem muitas "invenções" que não são patenteáveis. O "inventor" do supermercado, por exemplo, conferiu a seus semelhantes grandes benefícios pelos quais não pôde cobrar. Na medida em que a mesma capacidade é exigida tanto para um tipo de invenção quanto para o outro, a existência de patentes tende a desviar a atividade para invenções patenteáveis. Por outro lado, patentes triviais ou que seriam de legalidade duvidosa se contestadas em tribunal com frequência são usadas como recurso para manter acordos particulares de conluio que, de outra forma, seriam mais difíceis ou impossíveis de manter.

Esses são comentários muito superficiais sobre um problema difícil e importante. Não é o objetivo sugerir uma resposta específica, apenas mostrar por que patentes e direitos autorais não estão na mesma classe que outros monopólios apoiados pelo governo e ilustrar o problema de política social que eles apresentam. Uma coisa é certa: as condições específicas associadas a ambos — por exemplo, a concessão de proteção de patente por dezessete anos, e não por outro período — não são uma questão de princípio. São questões de conveniência, que precisam ser determinadas por considerações práticas. Estou inclinado a acreditar que seria preferível um período muito mais curto de proteção de patente. Mas essa é uma avaliação informal sobre um assunto sobre o qual tem havido muitos estudos detalhados e que ainda requer muitos mais. Portanto, não merece muita confiança.

## As origens do monopólio

São três as principais origens do monopólio: as considerações "técnicas", a assistência direta e indireta do governo e o conluio privado.

1. *Considerações técnicas.* Como foi mencionado no capítulo 2, o monopólio surge, em parte, porque as considerações técnicas tornam mais eficiente ou econômico ter uma única empresa em vez de muitas. O exemplo mais óbvio é o dos sistemas de telefonia, de água e similares em determinada comunidade. Infelizmente, não existe uma boa solução para o monopólio técnico. Há apenas uma

escolha entre três males: monopólio privado não regulamentado, monopólio privado regulamentado pelo Estado e gestão governamental.

Parece impossível afirmar, como uma proposição geral, que um desses males é regularmente preferível a outro. Como foi dito no capítulo 2, a grande desvantagem da regulamentação e da gestão do monopólio por parte do governo está em serem extremamente difíceis de reverter. Assim, estou inclinado a insistir que o menor dos males é o monopólio privado não regulamentado, onde quer que seja tolerável. As mudanças dinâmicas têm grande probabilidade de miná-lo, e há pelo menos alguma chance de que tenham efeito. E, mesmo no curto prazo, em geral há uma variedade maior de substitutos do que parece à primeira vista, de modo que as empresas privadas ficam bastante restritas pelo limite em que é lucrativo manter os preços acima do custo. Além disso, como vimos, as agências reguladoras com frequência tendem a ser submetidas ao controle dos produtores, e, por isso, os preços podem não ser mais baixos com regulamentação do que sem regulamentação.

Por sorte, as áreas nas quais as considerações técnicas tornam o monopólio um resultado possível ou provável são bastante limitadas. Não representariam ameaça séria à preservação de uma economia livre, não fosse a já citada tendência da regulação de se estender a situações em que não se justifica.

2. *Assistência direta e indireta do governo.* Provavelmente a principal origem do poder de monopólio é a intervenção governamental direta e indireta. Numerosos exemplos de intervenção razoavelmente direta já foram citados. A intervenção indireta consiste em medidas tomadas para

outros fins que têm como efeito, no geral não intencional, a imposição de restrições aos concorrentes potenciais das empresas existentes. Talvez os três exemplos mais claros sejam tarifas, legislação tributária e fiscalização e legislação de demandas trabalhistas.

As tarifas foram impostas, é evidente, sobretudo para "proteger" as empresas do país, o que significa impor desvantagens aos concorrentes potenciais. Elas sempre interferem na liberdade das pessoas de participar de trocas voluntárias. Afinal, o liberal considera o indivíduo, não a nação nem o cidadão de uma nação em particular, como sua unidade. Portanto, considera uma violação tão grande da liberdade quando cidadãos dos Estados Unidos e os da Suíça são impedidos de consumir uma troca que seria mutuamente vantajosa quanto se isso acontecesse com dois cidadãos americanos. As tarifas não necessariamente produzem monopólio. Se o mercado do setor industrial protegido for grande o suficiente e as condições técnicas permitirem a existência de muitas empresas, pode haver concorrência efetiva no mercado interno do setor protegido, como ocorre nos Estados Unidos no setor de têxteis. É claro, no entanto, que as tarifas promovem o monopólio. É muito mais fácil para algumas poucas empresas do que para muitas atuar em conluio na fixação de preços, e isso costuma ser mais fácil para empresas do mesmo país do que para empresas de países diferentes. A Grã-Bretanha foi protegida pelo livre comércio do monopólio generalizado durante o século XIX e início do século XX, apesar do tamanho relativamente pequeno de seu mercado interno e da grande escala de muitas empresas. O monopólio tornou-se um problema muito mais sério no país a partir do momento em que o livre comércio foi abandonado, primeiro após a Primeira Guerra Mundial e depois, de modo mais amplo, no início dos anos 1930.

Os efeitos da legislação tributária foram ainda mais indiretos, mas não menos importantes. Um elemento significativo é a vinculação do imposto de renda da pessoa jurídica e da pessoa física ao tratamento especial dos ganhos de capital no imposto de renda da pessoa física. Suponhamos que uma empresa ganhe uma receita de 1 milhão de dólares além dos impostos corporativos. Se pagar todo o valor aos acionistas como dividendos, eles devem incluí-lo como parte de sua receita tributável. Suponha que eles teriam, em média, de pagar 50% dessa renda adicional como imposto de renda. Restariam, então, apenas 500 mil dólares para gastar em consumo ou economizar e investir. Se, em vez disso, a empresa não pagar dividendos em dinheiro aos seus acionistas, poderá investir internamente toda a quantia. Esse reinvestimento tenderá a elevar o valor do capital de suas ações. Os acionistas que teriam poupado os dividendos, se distribuídos, podem simplesmente manter as ações e adiar todos os impostos até que as vendam. Assim como os outros que venderem em uma data anterior para obter renda para o consumo, eles pagarão impostos a taxas de ganhos de capital mais baixas do que as taxas sobre a renda regular.

Essa estrutura tributária incentiva a retenção de lucros da empresa. Mesmo que o retorno que pode ser obtido internamente seja bem menor do que o retorno que o próprio acionista poderia obter investindo os recursos externamente, pode valer a pena investir internamente devido à economia de impostos. Isso leva a um desperdício de capital, que é empregado para fins menos produtivos. Essa foi uma das principais razões para a tendência pós-Segunda Guerra Mundial da diversificação horizontal, uma vez que as empresas buscavam escoar seus lucros. É também grande fonte de poder para empresas já estabelecidas em relação a novos empreendimentos. Empresas bem estabelecidas podem ser menos produtivas do que as novas, mas seus acionistas têm mais incentivos para investir nelas, em vez de receber o rendimento e investir em novas empresas no mercado de capitais.

Uma das principais origens do monopólio da mão de obra é a ajuda governamental. A concessão de licenças, os códigos de construção e aspectos equivalentes, discutidos anteriormente, são exemplos disso. Outro é a legislação que concede imunidades especiais aos sindicatos, como a dispensa das leis antitruste, as restrições à responsabilidade sindical, o direito de comparecer a tribunais especiais etc. De importância igual ou maior do que qualquer uma delas talvez sejam o ambiente geral de opinião e a observância legal de normas que, aplicadas a ações tomadas no curso de uma disputa trabalhista, diferem quando as mesmas ações são tomadas em outras circunstâncias. Se os homens virarem os carros de cabeça para baixo, ou destruírem propriedades por pura maldade ou por vingança, não haverá mão que se levante para protegê-los das consequências legais. Se cometerem os mesmos atos durante uma disputa trabalhista, podem muito bem escapar impunes. Ações sindicais envolvendo violência física ou coerção reais ou potenciais dificilmente poderiam ocorrer a não ser pela aquiescência tácita das autoridades.

3. *Conluio privado.* A última origem de monopólio é o conluio privado. Como diz Adam Smith: "Pessoas da mesma profissão às vezes até se reúnem para momentos alegres e divertidos, mas as conversas terminam em uma

conspiração contra o público, ou em alguma incitação para aumentar os preços."[3] Portanto, os conluios ou acordos de cartel privado estão sempre surgindo. No entanto, em geral são instáveis e têm curta duração, a menos que possam pedir ajuda ao governo. A constituição do cartel, ao elevar os preços, torna o setor mais lucrativo para quem está de fora e deseja entrar. Além disso, como o preço mais alto só pode ser estabelecido se a produção for limitada abaixo do nível ideal de produção a um preço fixo, há um incentivo para que cada produtor reduza o preço a fim de expandir a produção. Cada um, é claro, espera que os outros cumpram o acordo. É necessário apenas um ou, no máximo, alguns "trapaceiros" — que são, na realidade, benfeitores públicos — para quebrar o cartel. Na ausência de apoio governamental para oficializar o cartel, têm quase certeza de que terão logo sucesso.

O principal papel de nossas leis antitruste é inibir o conluio privado. Sua principal contribuição, nesse sentido, tem sido menos pelos processos judiciais eficazes do que pelos efeitos indiretos. As leis descartaram os dispositivos de conluio óbvios — como a reunião pública para esse propósito específico — e, assim, encareceram o conluio. Mais importante, reafirmaram a doutrina do *common law*, de que as maquinações para restringir o comércio não são válidas nos tribunais. Em vários países europeus, os tribunais farão cumprir um acordo celebrado por um grupo de empresas para vender apenas por meio de uma agência de venda conjunta, obrigando as empresas a pagar penalidades específicas se violarem o acordo. Nos Estados Unidos,

---

3    SMITH, Adam. *A riqueza das nações.* São Paulo: Nova Cultural, 1996. pp. 172-173.

um acordo desses não seria aplicável nos tribunais. Essa diferença é uma das principais razões pelas quais os cartéis são mais estáveis e disseminados nos países europeus do que nos Estados Unidos.

## A *política de governo adequada*

A primeira e mais urgente necessidade na área da política governamental é a eliminação das medidas que apoiam diretamente o monopólio, seja de empresa ou da mão de obra, e uma aplicação imparcial das leis sobre empresas e sindicatos. Ambos os grupos devem estar sujeitos às leis antitruste; ambos devem ser tratados da mesma forma com relação às leis sobre destruição da propriedade e interferência nas atividades privadas.

Além disso, o passo mais importante e eficaz para a redução do poder de monopólio seria uma ampla reforma da legislação tributária. O imposto sobre a pessoa jurídica deve ser abolido. Quer isso seja feito ou não, as empresas devem ser obrigadas a creditar aos acionistas individualmente o lucro que não é pago como dividendo. Ou seja, quando a empresa enviar um cheque de dividendos, ela também deve enviar uma declaração dizendo: "Além deste dividendo de ___ centavos por ação, sua empresa também ganhou ___ centavos por ação, que foram reinvestidos." O acionista individual deve ser obrigado, então, a relatar o lucro creditado, mas não distribuído, em sua declaração de imposto de renda, bem como os dividendos. As empresas ainda estariam livres para reinvestir o quanto quisessem, mas não teriam nenhum incentivo para fazê-lo, exceto o incentivo legítimo de poder ganhar mais internamente do que o acionista poderia ganhar externamente. Poucas medidas contribuiriam mais para revigorar os mercados de capitais, estimular a empresa e promover a concorrência efetiva.

É claro que, enquanto o imposto de renda da pessoa física for tão elevado como é hoje, haverá forte pressão para encontrar estratégias que evitem seu impacto. Dessa forma, e também diretamente, o imposto de renda com alíquotas extremamente elevadas constitui um sério impedimento ao uso eficiente de nossos recursos. A solução adequada é a redução drástica das alíquotas mais altas, combinada com a eliminação dos dispositivos de evasão incorporados na lei.

## Responsabilidade social da empresa e do empregado

Vem ganhando ampla aceitação a ideia de que dirigentes empresariais e líderes trabalhistas têm uma "responsabilidade social" que vai além de servir aos interesses dos acionistas ou dos membros de seus sindicatos. Essa visão mostra um equívoco fundamental sobre o caráter e a natureza de uma economia livre. Em tal economia, as empresas têm apenas uma responsabilidade social para usar seus recursos e se envolver em atividades destinadas a aumentar seus lucros, desde que permaneçam dentro das regras do jogo — ou seja, participem de concorrências abertas e livres, sem dolo nem fraude. Da mesma forma, a "responsabilidade social" dos líderes sindicais é servir aos interesses dos membros de seus sindicatos. É responsabilidade nossa estabelecer um arcabouço legal, de modo que um indivíduo em busca de seus próprios interesses seja, para citar outra vez Adam Smith, "levado como que por mão invisível a promover um objetivo que não fazia parte de suas intenções. Aliás, nem sempre é pior para a sociedade que esse objetivo não faça parte das intenções do indivíduo. Ao perseguir seus próprios interesses, o indivíduo muitas vezes promove muito mais o interesse da sociedade do que quando de fato tenciona promovê-lo. Nunca ouvi dizer que aqueles que simulam exercer o comércio visando ao bem público tenham realizado grandes feitos para o país".[4]

Poucas tendências poderiam ser tão danosas para os alicerces de nossa sociedade livre quanto as de executivos empresariais a aceitarem outra responsabilidade social a não ser a de obter o máximo de lucro possível para seus acionistas. Essa é uma doutrina fundamentalmente subversiva. Se os empresários têm alguma responsabilidade social além de obter o máximo possível de lucros para os acionistas, como vão poder saber que responsabilidade é essa? Pode um cidadão do povo decidir o que é de interesse social? Pode decidir que peso terá o ônus atribuído a si mesmo, ou a seus acionistas, para servir ao interesse social? É aceitável que as funções públicas de tributação, realização de despesas e controle sejam exercidas por pessoas que por acaso estejam no comando de empresas particulares, escolhidas para esses cargos por grupos estritamente privados? Se os empresários são funcionários públicos, não empregados de seus acionistas, então, em uma democracia, mais cedo ou mais tarde, serão escolhidos pelas técnicas públicas de eleição e nomeação.

E, muito antes que isso ocorra, seu poder de decisão lhes terá sido retirado. Um exemplo dramático foi o cancelamento de um aumento do preço do aço pela U.S. Steel,

---

4    *Ibid.*, v. 4, cap. 2, p. 438.

em abril de 1962, por meio de uma manifestação pública de raiva por parte do presidente Kennedy e ameaças de represálias, desde ações judiciais antitruste até o exame das declarações de imposto de renda de executivos do setor. Esse episódio foi marcante por causa da demonstração pública dos vastos poderes concentrados em Washington. Ficamos todos sabendo de quanto do poder necessário para constituir um Estado policial já estava disponível. O caso também comprova o ponto em questão: se o preço do aço é determinado por uma decisão pública, como declara a doutrina da responsabilidade social, então não se pode permitir que seja estabelecido de forma privada.

O aspecto específico da doutrina que este exemplo ilustra e que recentemente recebeu mais destaque é a suposta responsabilidade social das empresas e dos executivos de manterem preços e salários baixos para evitar a inflação. Suponha que, em um momento de pressão de alta sobre os preços — refletindo, em última análise, um aumento no estoque de dinheiro —, todo empresário e líder trabalhista devesse aceitar essa responsabilidade, e suponha que todos conseguissem impedir que qualquer preço subisse, então teríamos preço estipulado e controle de salários sem inflação aberta. Qual seria o resultado? Certamente, escassez de produtos, escassez de mão de obra, mercados paralelos, mercados ilegais. Se os preços não podem avaliar mercadorias e trabalhadores, deve haver algum outro meio de fazê-lo. Os sistemas alternativos de racionamento podem ser privados? Talvez por um tempo, em uma área pequena e sem importância. Mas, se os bens em questão são muitos e importantes, necessariamente haverá pressão, provavelmente uma pressão irresistível, para que o governo racione bens, aplique uma política salarial e tome medidas para alocação e distribuição da mão de obra.

Os controles de preços, sejam legais ou voluntários, caso efetivamente aplicados, levariam à destruição do sistema de livre iniciativa e à sua substituição por um sistema de controle central. E nem sequer preveniriam a inflação de maneira eficaz. A história oferece amplas evidências de que o que determina o nível médio de preços e salários é a quantidade de dinheiro na economia, não a ganância de empresários ou dos trabalhadores. Os governos pedem a autocontenção das empresas e dos trabalhadores devido à incapacidade de administrar os próprios negócios — o que inclui o controle da moeda — e à tendência natural humana de transferir a responsabilidade para os outros.

Um tópico na área da responsabilidade social que me sinto obrigado a abordar, pois afeta meus interesses pessoais, é a alegação de que as empresas devem contribuir para a manutenção de atividades de caridade e, em especial, das universidades. A doação feita por empresas é um uso impróprio dos recursos empresariais em uma sociedade de livre iniciativa.

A empresa é um instrumento dos acionistas que a possuem. Se ela faz uma contribuição, impede que o acionista decida como dispor de seus recursos. Com o imposto sobre a pessoa jurídica e a dedutibilidade das contribuições, os acionistas podem, é claro, querer que a empresa faça uma doação em seu nome, já que isso lhes permitiria fazer uma doação maior. A melhor solução seria abolir o imposto sobre a pessoa jurídica. Mas, enquanto esse imposto existir, não há justificativa para permitir deduções de contribuições para instituições beneficentes e educacionais. Essas contribuições devem ser feitas pelos indivíduos, que são os donos fundamentais da propriedade em nossa sociedade.

Aqueles que defendem o aumento da dedutibilidade desse tipo de contribuição corporativa em nome da livre iniciativa estão basicamente trabalhando contra os próprios interesses. Uma importante acusação feita com frequência é que os negócios modernos envolvem a separação da propriedade e do controle — ou seja, as empresas se tornaram uma instituição social que é uma lei em si mesma, com executivos irresponsáveis que não atendem aos interesses de seus acionistas. Essa acusação não é verdadeira. Mas a direção que a política está tomando, de permitir contribuições para fins beneficentes por parte das empresas e deduções para o imposto de renda, é um passo na direção de firmar um verdadeiro divórcio entre propriedade e controle, bem como minar a natureza básica e o caráter de nossa sociedade. É um passo para sair de uma sociedade individualista na direção do Estado empresarial.

# CAPÍTULO 9
# PERMISSÃO PARA O EXERCÍCIO DA PROFISSÃO

A derrubada do sistema de guildas medieval foi um primeiro passo indispensável para a ascensão da liberdade no mundo ocidental. Foi um sinal, amplamente reconhecido, do triunfo das ideias liberais, de modo que, em meados do século XIX, na Grã-Bretanha, nos Estados Unidos e, em menor extensão, no continente europeu, homens podiam exercer qualquer tipo de atividade comercial ou profissional que desejassem sem precisar pedir a permissão de qualquer autoridade governamental ou semigovernamental. Em décadas mais recentes, houve um retrocesso, uma tendência crescente para que determinadas ocupações profissionais se restrinjam a pessoas autorizadas pelo Estado para exercê-las.

As restrições à liberdade dos indivíduos de usarem seus recursos como desejarem são importantes por sua essência. Além disso, estabelecem uma classe diferente de problemas aos quais podemos aplicar os princípios desenvolvidos nos dois primeiros capítulos.

Examinarei primeiro o problema geral, depois um exemplo particular: as restrições à prática da medicina. A escolha pela medicina se dá porque parece conveniente examinar as restrições cuja argumentação pode ser mais forte — não há muito a aprender derrubando-se falácias. Suponho que a maioria das pessoas, possivelmente até mesmo a maioria dos liberais, acredita que é desejável restringir a prática da medicina a pessoas autorizadas pelo Estado. Concordo que o argumento para a permissão para o exercício da medicina é mais forte do que para a maioria dos outros campos. No entanto, as conclusões a que chegarei são que os princípios liberais não justificam a necessidade de autorização nem mesmo para a medicina e que, na prática, os resultados da chancela estatal nessa área têm sido indesejáveis.

## A onipresença das restrições do governo às atividades econômicas individuais

A permissão para o exercício da profissão é um caso especial de um fenômeno muito mais amplo e excessivamente generalizado, isto é, decretos determinando que as pessoas não podem exercer certas atividades econômicas, exceto sob condições estabelecidas por uma autoridade constituída pelo Estado. As guildas medievais eram um exemplo particular de um sistema explícito que especificava quais indivíduos deveriam ter permissão para exercer algumas atividades. O sistema de castas indiano é outro exemplo. Em uma dimensão maior no sistema de castas e em menor grau nas guildas, as restrições eram impostas por costumes sociais gerais, não explicitamente pelo governo.

Uma noção generalizada sobre o sistema de castas é a de que a profissão de cada pessoa é totalmente determinada pela casta em que ela nasceu. É óbvio para um economista que esse é um sistema impossível, uma vez que prescreve uma distribuição rígida de pessoas entre profissões determinadas por taxas de natalidade, não pelas condições de demanda. Claro, não era assim que o sistema funcionava. O que era verdade, e até certo ponto ainda é, é que um número limitado de profissões era reservado a certas castas, mas nem todos os membros dessas castas exerciam tais profissões. Havia alguns serviços gerais, como o trabalho agrícola, que membros de várias castas podiam realizar. Isso permitia um ajuste da oferta de pessoas em diferentes profissões à demanda por seus serviços.

Atualmente, tarifas, leis do preço mínimo, cotas de importação, cotas de produção, restrições sindicais quanto ao emprego etc. são exemplos de fenômenos semelhantes. Em todos esses casos, a autoridade governamental determina as condições sob as quais alguns indivíduos podem exercer certas atividades, ou seja, os termos em que alguns indivíduos têm permissão para fazer acordos com outros. A característica comum desses exemplos, assim como da permissão para exercício da profissão, é que a legislação é promulgada em nome de um grupo de produtores. No caso da permissão para exercício da profissão, o grupo produtor é, em geral, determinado grupo profissional. Nos outros exemplos, pode ser um grupo que produz certo produto e que deseja uma tarifa, um grupo de pequenos varejistas que gostaria de ser protegido da concorrência "massacrante" das cadeias de lojas, ou um grupo de produtores de petróleo, de agricultores ou de metalúrgicos.

PERMISSÃO PARA O EXERCÍCIO DA PROFISSÃO

A permissão para exercício da profissão está muito difundida. De acordo com Walter Gellhorn, que escreveu a melhor análise breve que conheço, "em 1952, mais de oitenta profissões diferentes, com exceção das empresas chefiadas pelo próprio funcionário, como restaurantes e táxis, tinham sido autorizadas por lei estadual; e, além das leis estaduais, existem portarias municipais em abundância, sem falar nas leis federais que exigem autorização para as mais diversas profissões como operadores de rádio e agentes comissionados de entrepostos de gado. Já em 1938, um único estado, a Carolina do Norte, havia ampliado sua legislação para sessenta profissões. Não causa mais surpresa saber que farmacêuticos, contadores e dentistas tenham sido afetados pela lei estadual, assim como sanitaristas e psicólogos, analistas e arquitetos, veterinários e bibliotecários. Mas com que alegria se descobre que até operadores de debulhadoras e revendedores de resíduos de tabaco tiveram permissão para exercício da profissão? E quanto aos classificadores de ovos e treinadores de cães-guia, controladores de pragas e vendedores de iates, cirurgiões de árvores e escavadores de poços, assentadores de ladrilhos e produtores de batata? E o que dizer dos hipertricologistas autorizados em Connecticut, onde removem o pelo excessivo e feio com a solenidade apropriada a seu título retumbante?".[1] Nos argumentos que buscam persuadir os legislativos a aprovar tais disposições para o exercício da profissão, a justificativa é

---

1 GELLHORN, Walter. *Individual Freedom and Governmental Restraints* [Liberdade individual e restrições governamentais]. Baton Rouge: Louisiana State University Press, 1956. Capítulo intitulado "The Right to Make a Living" [O direito de ganhar a vida], p. 106.

sempre a da alegada necessidade de proteger o interesse público. No entanto, a pressão sobre o legislativo para autorizar o exercício de uma profissão raramente parte de integrantes do público que foram enganados ou de algum modo maltratados por integrantes da profissão. Ao contrário, a pressão invariavelmente parte de membros da própria profissão. É claro, mais do que ninguém, eles sabem o quanto exploram o cliente e, portanto, talvez possam reivindicar conhecimento especializado.

Da mesma forma, os acordos feitos para a permissão para o exercício da profissão envolvem, quase invariavelmente, o controle por membros da profissão a ser autorizada. Como já foi dito, isso é bastante natural. Se a profissão de encanador deve ser restrita àqueles que têm a capacidade técnica e a aptidão necessárias para prestar um bom serviço aos seus clientes, é óbvio que apenas os encanadores são capazes de julgar quem deve ser autorizado. Como consequência, o conselho ou outro órgão que concede autorizações é quase sempre composto em grande parte por encanadores, farmacêuticos ou médicos ou qualquer que seja a profissão específica autorizada.

Gellhorn ressalta que "75% dos conselhos de autorização profissional que atuam hoje neste país são compostos exclusivamente por profissionais autorizados nas respectivas profissões. Esses homens e mulheres, a maioria funcionários em regime de meio período, podem ter um interesse econômico direto em muitas das decisões tomadas em relação aos requisitos de admissão e à definição de padrões a serem observados pelos autorizados. E o mais importante: eles são, via de regra, representantes diretos de grupos organizados das profissões. No geral, são indicados por esses grupos como um passo para a nomeação a um cargo de direção ou outro, nomeação esta que é mera formalidade. Muitas vezes a formalidade é dispensada, sendo a nomeação feita diretamente pela organização profissional — como acontece, por exemplo, com os embalsamadores na Carolina do Norte, os dentistas no Alabama, os psicólogos na Virgínia, os médicos em Maryland e os advogados em Washington".[2]

A permissão para o exercício da profissão, portanto, quase sempre estabelece, em essência, o tipo de regulamento da guilda medieval, no qual o Estado atribui poder aos membros da profissão. Na prática, as questões levadas em consideração para determinar quem deve obter autorização muitas vezes envolvem pontos que, na opinião de um leigo, não têm qualquer relação com a competência profissional. Isso não é surpresa. Se algumas pessoas vão decidir se outras podem seguir uma profissão, todo tipo de considerações irrelevantes podem ser feitas. Quais serão as considerações irrelevantes dependerá da personalidade dos membros do conselho que concedem a habilitação profissional e do contexto da época. Gellhorn observa até que ponto era exigido um juramento de lealdade de várias profissões quando o medo da subversão comunista varria o país. Ele escreve: "Um estatuto do Texas de 1952 exige que cada candidato a uma habilitação profissional de farmacêutico jure que 'não é membro do Partido Comunista nem filiado a tal partido, e que não acredita nem é membro nem apoia qualquer grupo ou organização que acredite, promova ou ensine a derrubada do

---

2 *Ibid.*, pp. 140-41.

Governo dos Estados Unidos pela força ou por quaisquer métodos inconstitucionais'. A relação entre esse juramento e a saúde pública, que é o interesse supostamente protegido pela habilitação profissional dos farmacêuticos, é um tanto obscura. Tampouco é evidente a justificativa para exigir que boxeadores e lutadores profissionais em Indiana jurem que não são subversivos... Um professor de música do segundo grau, forçado a renunciar depois de ser identificado como comunista, teve dificuldade para se tornar afinador de piano no Distrito de Colúmbia porque, de fato, estava 'sob a disciplina comunista'. Os veterinários no estado de Washington não podem cuidar de uma vaca ou de um gato doente se não tiverem antes assinado um documento jurando não serem comunistas."[3]

Qualquer que seja a atitude de alguém em relação ao comunismo, a relação entre os requisitos impostos e as qualidades que a habilitação profissional pretende assegurar é um tanto improvável. O limite dessas exigências chega a ser, às vezes, quase ridículo. Mais algumas citações de Gellhorn podem propiciar um momento de alívio cômico.[4]

Um dos regulamentos mais divertidos é aquele estabelecido para barbeiros, um comércio que é licenciado

---

3 *Ibid.*, pp. 129-30.

4 Para ser justo com Walter Gellhorn, devo observar que ele não compartilha da minha visão de que a solução correta é abrir mão da permissão para o exercício da profissão. Ao contrário, ele acha que, apesar de esta permissão ter ido longe demais, tem algumas funções a desempenhar. Ele propõe reformas de procedimento e mudanças que, sob seu ponto de vista, limitariam o abuso das regras para o exercício da profissão.

em muitos lugares. Esse é um exemplo de uma lei que foi declarada inválida pelos tribunais de Maryland, embora uma linguagem semelhante possa ser encontrada em estatutos que foram declarados legais em outros estados. "O tribunal ficou mais deprimido do que impressionado com uma ordem legislativa de que barbeiros neófitos devem receber instrução formal sobre os 'fundamentos científicos da barbearia, higiene, bacteriologia, histologia do cabelo, pele, unhas, músculos e nervos, estrutura da cabeça, rosto e pescoço, química elementar referente à esterilização e a antissépticos, doenças de pele, cabelo, glândulas e unhas, corte de cabelo, barbear e modelar, penteado, coloração, descoloração e tingimento do cabelo'."[5] Mais uma citação sobre os barbeiros: "Dos dezoito estados representativos incluídos em um estudo de 1929 sobre os regulamentos da barbearia, nenhum na época ordenava que um aspirante fosse formado em uma 'faculdade de barbeiro', embora o aprendizado fosse necessário em todos. Hoje, os estados têm insistido na graduação em uma escola de barbearia que ofereça não menos (e muitas vezes muito mais) do que mil horas de instrução em 'disciplinas teóricas', como esterilização de instrumentos, e isso ainda precisa ser seguido de um treinamento."[6] Espero que essas citações deixem claro que o problema da habilitação profissional vai além de uma ilustração trivial do problema da intervenção do Estado, que neste país já é uma violação grave à liberdade dos indivíduos de exercer atividades de sua própria escolha

---

5 *Ibid.*, pp. 121-22.

6 *Ibid.*, p. 146.

e que ameaça se tornar muito mais séria com a pressão contínua sobre as legislaturas para ampliá-lo.

Antes de discutir as vantagens e desvantagens da permissão para o exercício da profissão, é importante notar por que isso acontece e que problema político geral é revelado pela tendência de que tal legislação especial seja promulgada. A declaração de um grande número de legislaturas estaduais, de que os barbeiros devem ser aprovados por um comitê de outros barbeiros, dificilmente pode ser uma prova convincente de que existe, de fato, um interesse público em tal legislação. Decerto a explicação é diferente; é a de que um grupo de produtores tende a ter mais concentração política do que um grupo de consumidores. Esse é um ponto óbvio apresentado com frequência, mas cuja importância não pode ser subestimada.[7] Cada um de nós é produtor e também consumidor. No entanto, somos muito mais especializados e dedicamos muito mais atenção à nossa atividade de produtores do que à de consumidores. Consumimos literalmente milhares, senão milhões, de itens. O resultado é que pessoas do mesmo ramo, como barbeiros ou médicos, têm grande interesse nos problemas específicos do ramo e estão dispostas a dedicar energia considerável para fazer algo a respeito. Por outro lado, nós, consumidores, vamos ao barbeiro ocasionalmente e gastamos só uma pequena parte de nossa renda nisso. Nosso interesse é casual. Quase ninguém está disposto a dedicar muito

---

7    Ver, por exemplo, o famoso artigo de Wesley Mitchell intitulado "Backward Art of Spending Money" [A arte retrógrada de gastar dinheiro] e reimpresso em seu livro de ensaios homônimo. MITCHEL, Wesley. *Backward Art of Spending Money*. Nova York: McGraw-Hill, 1937. p. 319.

PERMISSÃO PARA O EXERCÍCIO DA PROFISSÃO

tempo ao Legislativo para depor contra a iniquidade de restringir a prática da barbearia. O mesmo argumento vale para as tarifas. Aqueles que pensam ter interesse especial em determinadas tarifas são parte de grupos concentrados para os quais a questão faz grande diferença. O interesse público é amplamente disperso. Em consequência, na falta de disposições gerais para neutralizar a pressão de interesses especiais, os grupos de produtores invariavelmente terão uma influência muito mais forte na ação legislativa e nos poderes constituídos do que o consumidor, com seu interesse diversificado e altamente disperso. De fato, desse ponto de vista, o que intriga não é por que temos tantas leis de habilitação profissional tolas, mas por que não temos muitas mais. O que intriga é como conseguimos obter a liberdade relativa dos controles governamentais sobre as atividades produtivas das pessoas, liberdade que já tivemos e ainda temos neste país, e que outros países também tiveram.

O único modo que vejo para neutralizar grupos específicos de produtores é que se estabeleça uma opinião geral contra o controle do Estado sobre certos tipos de atividades. Apenas se houver o reconhecimento geral de que as atividades do governo devem ser drasticamente limitadas no que diz respeito a uma categoria de assuntos, o ônus da prova poderá ser transferido com força suficiente sobre aqueles que se afastam dessa opinião geral, de modo que haja uma esperança razoável de limitar a disseminação de medidas especiais para promover interesses especiais. Essa é uma questão em relação à qual sempre alertamos. Aparece em um artigo em defesa da Declaração dos Direitos e em uma norma para administrar a política monetária e a política fiscal.

## Questões políticas geradas pela obrigatoriedade da permissão para exercício da profissão

É importante distinguir três níveis diferentes de controle: primeiro, o cadastramento; segundo, a certificação; terceiro, a permissão para o exercício da profissão.

Por cadastramento, quero dizer um sistema segundo o qual os indivíduos são obrigados a incluir seus nomes em algum cadastro oficial quando quiserem exercer certos tipos de profissão. Não há provisão legal para negar o direito de ingressar na atividade a quem quiser se inscrever. A pessoa pode ter de pagar uma taxa, seja uma taxa de inscrição ou um sistema de tributação.

O segundo nível é a certificação. O órgão governamental pode certificar que uma pessoa possui certa aptidão, mas não pode impedir, de forma alguma, a prática de qualquer profissão que faça uso dessa aptidão por pessoas que não possuam tal certificado. Um exemplo é a contabilidade. Na maioria dos estados, qualquer um pode ser contador, seja com certificado público ou não, mas apenas as pessoas que passaram em determinado teste podem colocar o título de contador ao lado do próprio nome ou emoldurar o certificado público (CPA, na sigla em inglês) e pendurá-lo no escritório. A certificação é, muitas vezes, apenas um estágio intermediário. Em muitos estados, há a tendência de restringir uma gama cada vez maior de atividades em favor dos contadores públicos credenciados. Com relação a essas atividades, há permissão para o exercício da profissão, não certificação. Em alguns estados, "arquiteto" é um título que pode ser usado apenas por aqueles que foram aprovados em um exame específico. Isso é certificação. Não impede que outra pessoa se

PERMISSÃO PARA O EXERCÍCIO DA PROFISSÃO

dedique a trabalhar na assessoria da construção de casas, mediante pagamento de uma taxa.

A terceira etapa é a permissão para o exercício da profissão em si. Esse é um arranjo segundo o qual é necessário obter a permissão de uma autoridade reconhecida para exercer a profissão. A permissão é mais do que uma formalidade. Requer a demonstração de competência ou a realização de testes supostamente concebidos para assegurar competência, e qualquer pessoa sem permissão não está autorizada a praticar a atividade e está sujeita a multa ou pena de prisão se o fizer.

A questão que desejo considerar é a seguinte: em que circunstâncias, se é que há alguma, podemos justificar uma ou outra dessas etapas? Existem três motivos pelos quais me parece que o cadastramento pode ser justificado em conformidade com os princípios liberais.

Primeiro, pode ser útil para outras finalidades. Vou exemplificar: a polícia quase sempre está às voltas com atos de violência. Depois de um acontecimento desses, é importante saber quem teve acesso a armas de fogo. Antes, é aconselhável evitar que armas de fogo caiam nas mãos de pessoas que provavelmente as usarão para fins criminosos. O cadastro de lojas que vendem esses itens pode ajudar na execução do objetivo. Claro, voltando a uma questão levantada diversas vezes nos capítulos anteriores, nunca é demais dizer que *pode* haver uma justificativa nesse sentido, para se concluir que *há* justificativa. É necessário fazer um balanço das vantagens e desvantagens à luz dos princípios liberais. Tudo o que estou dizendo é que essa consideração pode, em alguns casos, justificar a anulação da opinião geral contra a exigência do cadastro de pessoas.

Em segundo lugar, o cadastro é às vezes um instrumento que só serve para facilitar a tributação. As questões em foco passam a ser, então, se fixar o imposto específico é um método adequado para aumentar a receita a fim de financiar os serviços do governo considerados necessários e se o cadastramento facilita a cobrança de impostos. Pode ser que sim, seja porque é cobrado um imposto sobre a pessoa que se cadastra, seja porque a pessoa que se cadastra é utilizada como cobradora de impostos. Por exemplo, ao arrecadar um imposto sobre vendas incidente em vários itens de consumo, é necessário ter um cadastro ou lista de todos os locais de venda de mercadorias sujeitas ao imposto.

Terceiro, e essa é a única justificativa possível que é próxima de nosso interesse principal, o cadastramento pode ser um meio de proteger os consumidores contra fraudes. Em geral, os princípios liberais atribuem ao Estado o poder de fazer cumprir os contratos, e a fraude envolve a violação de um contrato. Obviamente, é questionável que se deva ir tão longe para obter proteção antecipada contra fraudes por causa da interferência em contratos voluntários envolvidos. Mas não acho que seja possível descartar, com base em princípios, a possibilidade de haver certas atividades com tanta propensão a suscitar fraudes que passa a ser desejável ter, com antecedência, uma lista de pessoas que exercem essa atividade. Talvez um exemplo disso seja o cadastramento de motoristas de táxi. Um motorista de táxi que pega uma pessoa à noite pode estar em uma condição particularmente favorável para roubá-la. Para inibir tais práticas, talvez seja desejável ter uma lista de nomes envolvidos no serviço de táxis, cada um com seu número, que deve ser colocado no veículo, para que qualquer cliente que tenha sido importunado precise apenas se lembrar do número do táxi. Isso envolve simplesmente o uso do poder de polícia para proteger as pessoas contra a violência por parte de outras pessoas e pode ser o método mais conveniente para tanto.

A certificação é muito mais difícil de justificar, porque é algo que o mercado privado em geral pode fazer por conta própria. Esse problema é o mesmo tanto para produtos quanto para serviços. Há agências de certificação privadas em muitas áreas que atestam a competência de uma pessoa ou a qualidade de um produto em particular. O Good Housekeeping é uma organização privada que concede um selo. Para produtos industriais, existem laboratórios particulares de testes que certificam a qualidade de determinado produto. Para produtos de consumo, existem agências de testagem do consumidor, entre as quais a Consumer's Union e a Consumer's Research são as mais conhecidas nos Estados Unidos. Better Business Bureaus são organizações voluntárias que certificam a qualidade de determinados revendedores. Escolas técnicas, faculdades e universidades certificam a qualidade de seus graduados. Uma das funções dos varejistas e das lojas de departamentos é certificar a qualidade dos muitos itens que vendem. O consumidor passa a confiar na loja, e a loja, em troca, é incentivada a conquistar essa confiança investigando a qualidade dos itens que vende.

Pode-se argumentar, no entanto, que, em alguns casos, talvez até em muitos, a certificação voluntária não irá tão longe quanto os indivíduos estariam dispostos a pagar por ela, pela dificuldade de manter a confidencialidade da certificação. A questão é essencialmente a mesma do caso das patentes e dos direitos autorais: ou seja, se os indivíduos estão em condições de captar o valor dos serviços que prestam a terceiros. Se eu entrar no negócio de certificação de pessoas, pode não haver um modo eficiente de exigir que você pague por minha certificação. Se eu vender minhas informações para uma pessoa, como posso impedi-la de passá-las a outras pessoas? Como consequência, talvez não seja possível obter um intercâmbio voluntário efetivo com relação à certificação, mesmo que esse seja um serviço pelo qual as pessoas estariam dispostas a pagar se fossem obrigadas. Um modo de contornar tal problema, da mesma forma que contornamos outros efeitos de vizinhança, é deixar que a função seja feita por parte do governo.

Outra possível justificativa para a certificação é o monopólio. Existem alguns aspectos de monopólio técnico para a certificação, já que o custo de criá-la em grande parte independe do número de pessoas para quem a informação é transmitida. No entanto, de forma alguma isso significa que o monopólio seja inevitável.

A permissão para o exercício da profissão me parece ainda mais difícil de justificar. Vai ainda mais longe no sentido de restringir os direitos dos indivíduos de celebrar contratos voluntários. No entanto, o liberal terá de reconhecer que algumas justificativas para a permissão estão dentro de sua própria concepção de ação governamental adequada, embora, como sempre, as vantagens tenham de ser pesadas contra as desvantagens. O principal argumento relevante para um liberal é a existência de efeitos de vizinhança. O exemplo mais simples e óbvio é o médico "incompetente" que produz uma epidemia. Se esse médico prejudica apenas seu paciente, é só uma questão de contrato voluntário e troca entre paciente e médico. Nesse ponto, não há motivo para intervenção. Porém, pode-se argumentar que, se o médico não tratar bem seu paciente, pode desencadear uma epidemia que causará danos a terceiros sem relação direta com a transação. Nesse caso, é concebível que todos, inclusive o paciente e o médico em potencial, estejam dispostos a se submeter à restrição da prática da medicina a pessoas "competentes" para evitar a ocorrência de tais epidemias.

Na prática, o principal argumento a favor da permissão para o exercício da profissão segundo seus proponentes não é esse, que tem algum apelo para um liberal, mas sim um argumento estritamente paternalista que tem pouco ou nenhum apelo. Diz-se que as pessoas são incapazes de escolher adequadamente seus próprios empregados, seu próprio médico, encanador ou barbeiro. Para que um homem pudesse escolher um médico com inteligência, teria de também ser médico. De acordo com esse raciocínio, a maioria de nós é incompetente e precisa ser protegida contra a própria ignorância. Isso equivale a dizer que, na qualidade de eleitores, nós devemos nos proteger como consumidores contra nossa própria ignorância, cuidando para que as pessoas não sejam atendidas por médicos, encanadores ou barbeiros incompetentes.

Até aqui, listei os argumentos que justificam o cadastramento, a certificação e a permissão para o exercício da profissão. Nos três casos, é claro que também há fortes custos sociais a serem confrontados com qualquer uma dessas vantagens. Alguns desses custos sociais já foram mencionados, e vou exemplificá-los com mais detalhes no caso da medicina, mas pode valer a pena registrá-los de forma geral.

O custo social mais óbvio é que qualquer uma dessas medidas, seja cadastramento, certificação ou permissão para o exercício da profissão, quase inevitavelmente se torna uma ferramenta nas mãos de um grupo especial de produtores para obter uma posição de monopólio às custas do restante do público. Não há como evitar tal resultado. Pode-se conceber um ou outro conjunto de controles procedimentais destinados a evitá-lo, mas é provável que nenhum supere o problema proveniente da maior concentração de interesses do produtor do que do consumidor. As pessoas que estão mais interessadas nesse tipo de procedimento, que mais pressionarão por sua aplicação e terão maior interesse em sua administração serão os profissionais ou empresários da atividade em questão. Eles inevitavelmente pressionarão para que o cadastramento se estenda à certificação e, então a certificação à permissão para o exercício da profissão. Uma vez obtida a permissão, as pessoas que podem vir a buscar alterar os regulamentos são impedidas de exercer sua influência. Elas não obtêm autorização; devem, portanto, exercer outras profissões e perderão o interesse. O resultado é o controle sobre o ingresso de membros da própria profissão e, portanto, o estabelecimento de uma situação de monopólio.

A certificação é muito menos prejudicial nesse aspecto. Se os que têm certificado "fizerem mau uso" de seus certificados especiais; se, para conceder certificado a novos membros os que já integram a classe fizerem exigências desnecessariamente rigorosas e acabarem reduzindo muito o número dos que praticam a profissão, o diferencial de preço entre os que têm certificado e os que não têm se tornará suficientemente grande para levar o público a recorrer a profissionais não certificados. Em termos técnicos, a elasticidade da demanda pelos serviços de profissionais com certificado será bastante grande, e os limites nos quais eles podem explorar o resto do público tirando proveito de sua posição especial serão bastante estreitos.

Portanto, a certificação sem a permissão para o exercício da profissão é um meio-termo que mantém uma boa proteção contra o monopólio. Também tem suas desvantagens, mas é importante notar que os argumentos de costume para tal permissão e, em particular, os argumentos paternalistas, são contemplados quase inteiramente pela certificação. Se o argumento é que somos muito ignorantes para julgar bons profissionais, basta que sejam disponibilizadas as informações relevantes. Se, com pleno conhecimento, ainda quisermos alguém que não tenha certificado, é problema nosso; não podemos reclamar de que não tínhamos as informações. Como os argumentos sobre a permissão em questão, apresentados por pessoas que não são membros da profissão, podem ser plenamente atendidos com a certificação, eu, por mim, não consigo ver um caso em que a permissão se justifique em lugar da certificação.

Até mesmo o cadastramento tem custos sociais significativos. É um primeiro passo importante na direção de um sistema em que cada pessoa passa a dever portar uma carteira de identidade, cada pessoa deverá informar às autoridades o que pretende fazer antes de fazê-lo. Além disso, como já observado, o cadastramento tende a ser o primeiro passo para a certificação e a permissão para o exercício da profissão.

## Permissão para o exercício da profissão de medicina

A profissão médica é aquela cujo exercício por muito tempo ficou restrito a pessoas com permissão para a prática. A princípio, a pergunta "devemos deixar médicos incompetentes exercerem a profissão?" só parece admitir uma resposta negativa. Mas quero propor uma pausa para reflexão.

Em primeiro lugar, a permissão para o exercício é, essencialmente, um instrumento do controle que a profissão de medicina pode ter sobre o número de médicos. Para entender por que isso ocorre, é necessário discutir a estrutura da profissão médica. A Associação Médica Americana (AMA) talvez seja o sindicato mais forte dos Estados Unidos. A essência do poder de um sindicato é seu potencial de restringir o número de pessoas que exercem determinada função. Essa restrição pode ser adotada indiretamente com a determinação de um índice salarial mais elevado do que o que prevaleceria se não houvesse a restrição. Se esse índice salarial entrar em vigor, reduzirá o número de pessoas que poderão conseguir empregos e, portanto, indiretamente, o número de pessoas que irão exercer a profissão. Tal técnica de restrição tem desvantagens. Sempre há certa quantidade de pessoas insatisfeitas que estão tentando entrar na profissão. Um sindicato se sairá muito melhor se puder limitar diretamente o número de pessoas que ingressam e que tentam conseguir um emprego na área. Os descontentes e insatisfeitos são excluídos já de saída, e o sindicato não precisa se preocupar com eles.

A AMA se encaixa nessa situação. É um sindicato capaz de limitar o número de pessoas que podem entrar. Como?

O controle essencial está na fase de admissão à escola de medicina. O Conselho de Educação Médica e Hospitais da Associação aprova escolas de medicina. Para que uma escola seja incluída e permaneça na lista de aprovadas, deve atender aos padrões do Conselho. O poder do órgão foi demonstrado em várias ocasiões, quando houve pressão para reduzir seus números. Por exemplo, na década de 1930, durante a depressão, o Conselho escreveu uma carta às várias escolas de medicina dizendo que estavam admitindo alunos demais para garantir uma formação adequada. Nos dois anos seguintes, todas as escolas reduziram o número de alunos admitidos, presumivelmente porque a recomendação tivera efeito.

Por que a aprovação do Conselho é tão importante? Se o Conselho abusa de seu poder, por que não surgem escolas de medicina sem sua aprovação? A resposta é que, em quase todos os estados dos Estados Unidos, uma pessoa precisa de permissão para praticar medicina e, para tanto, deve ser graduada em uma escola aprovada. Em quase todos os estados, a lista de escolas aprovadas é idêntica à lista de escolas aprovadas pelo Conselho de Educação Médica e Hospitais da Associação Médica Americana. É por isso que a permissão para o exercício da profissão é o instrumento fundamental para o controle efetivo da admissão. Tem um efeito duplo. Por um lado, os membros da comissão que concede permissão são sempre médicos e, portanto, têm algum controle sobre a etapa em que as pessoas requerem permissão. A eficácia desse controle é mais limitada do que a do controle no nível da faculdade de medicina. Em quase todas as profissões que exigem permissão para o exercício, as pessoas podem tentar ser admitidas mais de uma vez. Se uma pessoa tentar quantas vezes for necessário em locais diferentes, é provável que consiga, mais cedo ou mais tarde. Como já gastou dinheiro e tempo para obter sua formação, ela tem um forte incentivo para continuar tentando. As exigências para a permissão só entram em vigor depois que a pessoa é formada, portanto, na maioria das vezes, afetam o ingresso na profissão por elevarem os custos, pois passa a ser um processo demorado e sem garantia de sucesso. Mas a eficácia do aumento de custo para limitar o ingresso na profissão não é nada em comparação ao que se faz para impedir uma pessoa de iniciar sua carreira. Se ela for eliminada na fase de ingresso na faculdade, nunca será candidata a exame para a permissão; nunca será problemática nesse estágio. O método mais eficaz para obter controle sobre o número de candidatos a uma profissão é, portanto, obter o controle do ingresso nas escolas profissionalizantes.

O controle sobre a admissão na faculdade de medicina e posterior permissão para a prática profissional possibilita que a entrada na profissão seja limitada de duas maneiras. A mais óbvia é apenas recusar muitos candidatos. A menos óbvia, mas provavelmente bem mais importante, é estabelecer padrões para admissão e permissão para o exercício da profissão que tornam a entrada difícil a ponto de desencorajar os jovens a tentarem. Embora a maioria das leis estaduais exija apenas dois anos de faculdade como pré-requisito para ingressar na escola de medicina, quase 100% dos participantes estudaram na faculdade por quatro anos. Da mesma forma, a formação médica em si foi prolongada, sobretudo por meio de sistemas de estágio mais rigorosos.

Como um comentário à parte, os advogados nunca tiveram tanto sucesso quanto os médicos em obter o controle do ingresso na escola de Direito no momento da admissão, embora estejam caminhando nesse sentido. O motivo é irônico. Quase todas as escolas na lista de aprovadas pela Ordem dos Advogados dos Estados Unidos são de ensino em tempo integral; quase nenhuma escola noturna é aprovada. Por outro lado, muitos legisladores estaduais são formados em escolas de direito noturnas. Se votassem para restringir a admissão à profissão apenas para os graduados de escolas aprovadas, na realidade, estariam votando pela própria desqualificação. Sua relutância em condenar a própria competência é o principal fator que tem contribuído para limitar a capacidade do direito de imitar a medicina. Há muitos anos não faço nenhum trabalho aprofundado sobre os requisitos para admissão ao direito, mas entendo que essa limitação está sendo derrubada. A maior afluência de alunos significa que uma proporção muito maior está indo para faculdades de direito em tempo integral, e isso tem mudado a composição das legislaturas.

Voltando à medicina, a causa mais importante do controle profissional sobre o ingresso na carreira é a exigência de graduação em escolas aprovadas. A profissão tem usado esse controle para limitar os números. Para evitar mal-entendidos, enfatizo que não estou dizendo que os membros da profissão médica, os líderes dessa profissão ou as pessoas responsáveis pelo Conselho de Educação Médica e Hospitais incorrem em desvios de conduta deliberadamente para limitar o ingresso na carreira a fim de aumentar a própria renda. Não é assim que funciona. Mesmo quando essas pessoas são explícitas ao comentar sobre a conveniência de limitar os números para aumentar as rendas, sempre justificarão a política com base no fato de que, se "muitas" pessoas forem admitidas, isso diminuirá suas rendas, de modo que serão levadas a recorrer a práticas antiéticas para ganhar uma renda "adequada". A única maneira, argumentam, de preservar as práticas éticas é manter as pessoas com um padrão de renda adequado aos méritos e necessidades da profissão médica. Devo confessar que isso sempre me pareceu questionável, tanto por motivos éticos quanto factuais. É extraordinário que líderes da área médica proclamem publicamente que deveriam ser pagos para serem éticos. E, se assim fosse, duvido que o preço tivesse algum limite. Parece haver pouca correlação entre pobreza e honestidade. Seria preferível esperar o oposto; a desonestidade nem sempre compensa, mas, às vezes, sim.

O controle de entrada é explicitamente racionalizado, nesse sentido, apenas em momentos como a Grande Depressão, quando há muito desemprego e rendas relativamente baixas. Em tempos normais, a racionalização para a restrição é diferente. É que os membros da profissão médica desejam elevar o que consideram padrões de "qualidade" da profissão. O defeito dessa racionalização é comum e compromete uma compreensão adequada do funcionamento de um sistema econômico, ou seja, não distingue eficiência técnica de eficiência econômica.

Uma história talvez ilustre esse ponto. Em uma reunião de advogados que discutiam os problemas de admissão, um colega meu, argumentando contra os padrões restritivos adotados, usou uma analogia da indústria automobilística. Não seria absurdo, disse ele, se a indústria automobilística argumentasse que ninguém deveria dirigir um carro de baixa qualidade e que, portanto, nenhum fabricante de automóveis deveria ter permissão para produzir um carro que não atendesse ao padrão

Cadillac? Um membro da audiência se levantou e aprovou a analogia dizendo que, é claro, o país não pode aceitar advogados que sejam menos que um Cadillac! Essa tende a ser a atitude profissional. Os membros só olham para os padrões técnicos de desempenho e argumentam, de fato, que só devemos ter médicos de primeira linha, mesmo que isso signifique que algumas pessoas não recebam serviço médico — embora, é claro, nunca tenham se expressado dessa forma. No entanto, a visão de que as pessoas só devam obter o serviço médico "ótimo" sempre leva a uma política restritiva, uma política que mantém baixo o número de médicos. Claro que eu não gostaria de argumentar que esse é o único efetivo em ação, mas apenas que tal tipo de consideração leva muitos médicos bem-intencionados a seguirem políticas que rejeitariam imediatamente, não fosse o uso desse tipo de racionalização reconfortante.

É fácil demonstrar que a qualidade é só uma racionalização, não a razão subjacente da restrição. O poder do Conselho de Educação Médica e Hospitais da Associação Médica Americana tem sido usado para limitar o número por meios que não podem ter qualquer conexão com a qualidade. O exemplo mais simples é a recomendação a vários estados de que a nacionalidade seja um requisito para o exercício da medicina. Acho inconcebível que se considere isso relevante para o desempenho médico. Uma exigência semelhante que tentaram impor na ocasião é que o exame para permissão para o exercício da profissão deveria ser feito em inglês. Uma prova dramática do poder e da potência da Associação, bem como da falta de relação com a qualidade, é comprovada por um dado que sempre achei impressionante. Depois de 1933, quando Hitler assumiu o poder, houve um enorme fluxo de profissionais vindos da Alemanha, Áustria e assim por diante, incluindo, é claro, médicos que queriam trabalhar nos Estados Unidos. O número de médicos formados no exterior que foram admitidos para exercer a profissão nos Estados Unidos nos cinco anos após 1933 foi o mesmo dos cinco anos anteriores, o que claramente não foi o resultado do curso natural dos acontecimentos. A ameaça de tal acréscimo de médicos levou a um rigoroso endurecimento das exigências para médicos estrangeiros, o que lhes impôs custos extremos.

Está claro que a permissão para o exercício da profissão é o instrumento principal da classe médica para restringir o número de pessoas que praticam a medicina. É também um meio fundamental para restringir as mudanças tecnológicas e organizacionais no modo pelo qual a medicina é conduzida. A AMA tem sido consistentemente contra a prática da medicina de grupo e contra planos médicos pré-pagos. Esses métodos de prática têm aspectos bons e ruins, mas são inovações tecnológicas que as pessoas devem ter a liberdade de experimentar, se quiserem. Não há fundamentação para concluir que o método técnico ideal de organização da clínica médica é o de um médico independente. Talvez seja a clínica de grupo, talvez seja por corporações. Deve-se garantir um sistema em que todas as variedades possam ser experimentadas.

A Associação Médica Americana tem resistido a essas tentativas e vem conseguindo inibi-las. Isso porque, indiretamente, a permissão para o exercício da profissão deu à AMA o controle da admissão à prática em hospitais. O Conselho de Educação Médica e Hospitais aprova hospitais e escolas de medicina. Para que um médico seja

PERMISSÃO PARA O EXERCÍCIO DA PROFISSÃO

admitido para exercer a profissão em um hospital "aprovado", em geral precisa de aprovação da associação médica de seu condado ou do conselho do hospital. Por que hospitais sem aprovação não podem ser instalados? Porque, nas atuais condições econômicas, um hospital deve ter uma reserva de residentes para funcionar. De acordo com a maioria das leis estaduais de permissão para o exercício da profissão, os candidatos devem ter alguma experiência como residentes para serem admitidos, e a residência precisa ser em um hospital "aprovado". A lista de hospitais "aprovados" costuma ser idêntica à do Conselho de Educação Médica e Hospitais. Como consequência, a lei de permissão para o exercício da profissão dá à classe médica o controle sobre os hospitais e também sobre as escolas. Essa é a razão principal para o grande sucesso da oposição da AMA a vários tipos de prática de grupo. Em alguns casos, os grupos sobreviveram. No Distrito de Colúmbia, tiveram sucesso porque foram capazes de mover um processo contra a Associação nos termos das leis antitruste federais de Sherman e ganharam. Em alguns outros casos, tiveram sucesso por razões especiais. No entanto, não há dúvida de que a tendência da prática de grupo foi muito postergada pela oposição da AMA.

É interessante, e esse é um comentário à parte, que a associação médica seja contra apenas um tipo de prática de grupo, isto é, a prática de grupo pré-pago. Ao que parece, a razão econômica é que isso elimina a possibilidade de praticar preços discriminatórios.[8]

---

8    Ver KESSEL, Reuben. "Price Discrimination in Medicine" [Discriminação de preço na Medicina]. *Journal of Law and Economics*, n. 1, out. 1958, pp. 20-53.

É evidente que a permissão para o exercício da profissão está no cerne da restrição de ingresso na carreira e que isso envolve um pesado custo social, tanto para as pessoas que desejam exercer a medicina, mas são impedidas de fazê-lo, quanto para o público, impedido de adquirir os cuidados médicos que deseja. Agora pergunto: a exigência dessa permissão tem os benefícios que dizem ter?

Em primeiro lugar, ela de fato eleva os padrões de competência? Não está claro, de modo algum, que eleve os padrões de competência no exercício efetivo da profissão, por várias razões. Antes de tudo, sempre que se estabelece um bloqueio para ingresso em qualquer campo, cria-se um incentivo para que sejam encontradas formas de contorná-lo, e é claro que a medicina não é exceção. O surgimento das profissões de osteopatia e de quiropraxia não deixa de estar relacionado à restrição de ingresso na medicina. Pelo contrário, cada uma delas representa, em certa medida, uma tentativa de encontrar um modo de contornar as restrições para o ingresso. Por sua vez, cada uma delas está trabalhando para obter permissão para exercício da profissão e impor restrições. O resultado é a criação de diferentes níveis e tipos de prática da medicina, para traçar a distinção entre o que é chamado de clínica médica e o que são seus substitutos, como a osteopatia, a quiropraxia, a cura pela fé e assim por diante. Essas alternativas podem ser de qualidade inferior à que teria sido a da clínica médica se não houvesse restrições no ingresso à medicina.

De modo geral, se o número de médicos é menor do que seria em outras circunstâncias, e se todos estão ocupados, como em geral estão, isso significa que a clínica médica está sendo exercida em quantidade menor por médicos formados — menos horas de trabalho de clínica médica, em outras palavras. A alternativa é a clínica médica exercida por alguém não formado; pode ser que seja, e em parte é mesmo, realizada por pessoas sem qualificação profissional. Além disso, a situação é muito mais extrema. Se a "clínica médica" deve ser restrita aos profissionais autorizados, é preciso definir o que é a clínica médica, e o cabide de empregos não é exclusivo das ferrovias. De acordo com a interpretação das leis que proíbem a prática não autorizada da medicina, muitas coisas restritas a médicos autorizados poderiam perfeitamente ser feitas por técnicos e outras pessoas capacitadas que não tenham formação médica de ponta. Não tenho conhecimento suficiente para listar todos os exemplos. Só sei que as pessoas que se debruçaram sobre a questão dizem que a tendência é incluir na "clínica médica" uma gama cada vez mais ampla de atividades que poderiam perfeitamente ser desempenhadas por técnicos. Médicos formados dedicam parte considerável de seu tempo a atividades que poderiam muito bem ser feitas por outras pessoas. O resultado é a redução drástica da quantidade de atendimentos médicos.

Um atendimento médico de boa qualidade, se é que se pode definir esse conceito, não pode ser determinado pela média da qualidade do atendimento prestado; seria como julgar a eficácia de um tratamento médico considerando apenas os sobreviventes; deve-se considerar também o fato de que as restrições reduzem a quantidade de atendimentos. É possível que o nível médio de competência, em um sentido significativo, tenha sido subestimado pelas restrições.

Mesmo esses comentários não são tão abrangentes quanto deveriam, pois consideram a situação em determinado momento e não englobam as mudanças ao longo do tempo. Os avanços em qualquer ciência ou campo costumam resultar do trabalho de um indivíduo entre inúmeros malucos e charlatães e pessoas que não são da profissão. Na área médica, nas atuais circunstâncias, é muito difícil se dedicar à pesquisa ou experimentação quando não se pertence à profissão. Se você for um membro da profissão e deseja permanecer em boa posição, o tipo de experimentação que pode fazer é extremamente limitado. Um "curandeiro" pode ser só um charlatão que se impõe a pacientes crédulos, mas talvez um em mil, ou em muitos milhares, proporcione um importante avanço na medicina. Existem muitos caminhos diferentes para o conhecimento e a aprendizagem, e restringir a prática do que é chamado de medicina para defini-la, como tendemos a fazer, a um grupo em particular, certamente reduz a quantidade da experimentação em curso e, por conseguinte, a taxa de crescimento do conhecimento na área. O que vale para o conteúdo da medicina vale também para sua organização, como já foi mencionado. Adiante, discutirei mais esse ponto.

Existe, ainda, outro modo pelo qual a permissão para o exercício da profissão e o monopólio associado a essa exigência na prática da medicina tendem a baixar os padrões da área. Já sugeri que isso diminui a qualidade média da prática ao reduzir o número de médicos, o número agregado de horas disponíveis de médicos formados para tarefas mais importantes e não para as menos importantes, bem como o incentivo à pesquisa e ao desenvolvimento. Isso mantém a qualidade baixa também por dificultar ainda mais que o cidadão comum cobre dos médicos por negligência. Uma das proteções do cidadão comum contra incompetência e fraude é a possibilidade de mover uma ação judicial contra negligência. Alguns processos são instaurados, e os médicos reclamam muito sobre quanto têm que pagar pelo seguro contra erros médicos. No entanto, os processos por negligência são menos numerosos e bem-sucedidos do que seriam se não tivessem o olhar atento das associações médicas. Não é fácil fazer alguém testemunhar contra um colega de profissão quando se vê diante da sanção de lhe ser negado o direito de exercer a profissão em um hospital "aprovado". O depoimento costuma vir daqueles que integram listas constituídas pelas próprias associações médicas, sempre, é claro, no alegado interesse dos pacientes.

Considerando-se todos esses resultados, estou convencido de que a permissão para o exercício da profissão acabou reduzindo tanto a quantidade de atendimentos quanto a qualidade da clínica médica; reduziu também as oportunidades disponíveis para pessoas que gostariam de praticar a medicina, forçando-as a seguir profissões que consideram menos atraentes; obrigou o público a pagar mais por serviços médicos menos satisfatórios e retardou o desenvolvimento tecnológico não só da própria medicina, mas também da organização da clínica médica. Concluo que a exigência de permissão para o exercício da profissão deve ser eliminada no caso da prática da medicina.

Dito tudo isso, muitos leitores, assim como ocorreu com muitas pessoas com quem debati essas questões, dirão: "Ainda assim, de que outro modo eu conseguiria uma prova da qualidade de um médico? Mesmo considerando tudo o que você diz sobre os custos, será que a permissão para o exercício da profissão não é a única forma de dar ao público ao menos alguma garantia de um mínimo de qualidade?" A resposta é, em parte, que as pessoas não escolhem médicos pegando nomes aleatoriamente em uma lista de médicos autorizados; a capacidade de uma pessoa que foi aprovada em um exame vinte ou trinta anos atrás já não é garantia de qualidade hoje; portanto, a permissão para o exercício da profissão não é a principal fonte, nem mesmo uma importante, que garanta ao menos um mínimo de qualidade. Mas a principal resposta é muito diferente. É que a própria questão revela a tirania do *status quo* e a pobreza da nossa imaginação em campos nos quais somos leigos, e mesmo naqueles em que temos alguma competência, em comparação com a fertilidade do mercado. Exemplificando, vamos especular sobre como a medicina poderia ter se desenvolvido e que garantias de qualidade teriam surgido se a profissão não tivesse exercido o poder de monopólio.

Vamos supor que uma pessoa qualquer tivesse tido a liberdade de praticar a medicina sem qualquer restrição, exceto a da responsabilidade jurídica e financeira por qualquer dano causado a outrem, seja por fraude ou negligência. Presumo que todo o desenvolvimento da medicina teria sido diferente. O atual mercado de assistência médica, por mais prejudicado que tenha sido, dá indícios de qual teria sido a diferença. A prática de grupo em conjunto com os hospitais teria crescido muito. Em vez da clínica individual acrescida de grandes hospitais institucionais administrados por governos ou instituições de caridade, poderiam ter se desenvolvido parcerias ou empresas médicas — equipes médicas. Estas teriam proporcionado instalações centrais de diagnóstico e tratamento, incluindo hospitais. Algumas presumivelmente teriam sido pré-pagas, combinando em um pacote o atual seguro hospitalar, o seguro saúde e a clínica médica em grupo. Outras teriam cobrado taxas separadas por serviços separados. E, é claro, a maioria poderia ter usado os dois métodos de pagamento.

Essas equipes médicas — lojas de departamento de medicina, se preferir — seriam intermediárias entre os pacientes e o médico. Por terem vida longa e serem imóveis, teriam grande interesse em estabelecer uma reputação de confiabilidade e qualidade. Pelo mesmo motivo, os consumidores acabariam conhecendo sua reputação. Essas clínicas teriam a capacidade especializada de avaliar a qualidade dos médicos; na verdade, seriam o agente do consumidor ao fazê-lo, como a loja de departamentos é para muitos produtos. Além disso, poderiam organizar o atendimento médico de forma eficiente, combinando médicos com diferentes graus de capacidade e preparo, usando técnicos com formação limitada para as tarefas para as quais seriam adequados e reservando os especialistas altamente qualificados e competentes para as tarefas que só eles poderiam realizar. O leitor pode acrescentar outros desdobramentos, recorrendo em parte, como eu fiz, ao que acontece nas principais clínicas médicas.

Naturalmente, nem toda clínica médica seria exercida por meio de tais equipes. O atendimento médico individual privado continuaria, assim como existe a loja pequena, que não tem muitos clientes, paralelamente à loja de departamentos; assim como existe o advogado que trabalha por conta própria paralelamente à grande firma com muitos sócios. As pessoas construiriam suas próprias reputações, e alguns pacientes iriam preferir a privacidade e a intimidade de seu próprio clínico. Algumas áreas seriam muito restritas para serem atendidas por equipes médicas. E assim por diante.

Eu nem gostaria de afirmar que as equipes médicas iriam dominar o campo. Meu objetivo é apenas mostrar pelo exemplo que há muitas alternativas ao sistema de clínica médica atual. A impossibilidade de que qualquer pessoa ou um pequeno grupo conceba todas as possibilidades, ou possa avaliar seus méritos, é o grande argumento contra o planejamento central do governo e contra organizações como os monopólios profissionais que limitam as possibilidades de experimentação. Por outro lado, o grande argumento a favor do mercado é sua tolerância à diversidade; sua capacidade de utilizar uma ampla gama de conhecimentos e capacidades profissionais especializados. Isso deixa os grupos com interesses especiais sem o poder de impedir a experimentação e permite que sejam os clientes, não os fornecedores de serviço, a decidir o que é melhor para os clientes.

# CAPÍTULO 10
# A DISTRIBUIÇÃO DE RENDA

Um aspecto fundamental do desenvolvimento de um sentimento coletivista neste século, ao menos nos países ocidentais, é a crença na igualdade de renda como objetivo social e a disposição de usar o braço do Estado para promovê-la. Duas perguntas muito diferentes devem ser feitas na avaliação desse sentimento igualitário e das medidas igualitárias que ele produz. A primeira é normativa e ética: qual a justificativa para a intervenção do Estado na promoção da igualdade? A segunda é positiva e científica: qual foi o resultado das medidas tomadas?

## A *ética da distribuição*

O princípio ético que justificaria diretamente a distribuição de renda em uma sociedade de livre mercado é: "A cada um, o que ele e seus instrumentos produzem." Até mesmo a atuação desse princípio depende implicitamente da ação estatal. Os direitos de propriedade são questões da lei e da convenção social. Como vimos, sua definição e aplicação é uma das funções principais do Estado. A distribuição final de renda e riqueza sob a plena aplicação desse princípio pode depender consideravelmente das regras de propriedade adotadas.

Qual é a relação entre esse princípio e outro, eticamente atraente: o da igualdade de tratamento? Em parte, os dois não são contraditórios. O pagamento de acordo com o produto pode ser necessário para alcançarmos uma verdadeira igualdade de tratamento. Tomando como exemplo pessoas que estamos dispostos a considerar como semelhantes em capacidade e recursos iniciais, se algumas têm um maior gosto por lazer e outras por bens comercializáveis, a desigualdade de retorno por meio do mercado é necessária para que se alcance a igualdade de retorno total ou igualdade de tratamento. Um homem pode preferir um trabalho rotineiro com muito tempo livre para tomar sol a um trabalho mais exigente com um salário mais alto; outro homem pode preferir o oposto. Se ambos fossem pagos igualmente em dinheiro, suas rendas, em um sentido mais fundamental, seriam desiguais. Da mesma forma, a igualdade de tratamento exige que um indivíduo seja mais bem pago por um trabalho sujo e sem atrativos do que por um trabalho gratificante e agradável. Observam-se muitas desigualdades desse tipo. Diferenças na renda monetária compensam as diferenças em outras características da profissão ou da atividade comercial. No jargão dos economistas, são "diferenças compensadoras" necessárias para igualar o total das "vantagens líquidas", pecuniárias e não pecuniárias.

Outro tipo de desigualdade, proveniente do funcionamento do mercado, também é necessário, em um sentido um pouco mais sutil, para produzir igualdade de tratamento ou, em outras palavras, para satisfazer os gostos dos homens. Uma forma simples de exemplificar a questão é pensar em uma loteria. Considere um grupo de pessoas que, de início, têm patrimônio igual e que concordam voluntariamente em participar da loteria com prêmios muito desiguais. A desigualdade de renda resultante é evidentemente necessária para permitir que as pessoas em questão tirem o máximo partido possível de sua igualdade inicial. A redistribuição da renda depois do ocorrido equivale a negar-lhes a oportunidade de entrar na loteria. Na prática, esse caso é muito mais importante do que pareceria se interpretássemos literalmente a noção de "loteria". As pessoas escolhem profissões, investimentos e outras coisas, em parte de acordo com seu gosto pelo incerto. A garota que tenta se tornar atriz de cinema, em vez de funcionária pública, está escolhendo, deliberadamente, entrar em uma loteria; o mesmo ocorre com o indivíduo que investe centavos em ações de urânio em vez de títulos do governo. O seguro é uma forma de expressar o gosto pela certeza. Mesmo esses exemplos não indicam até onde a desigualdade real pode ser consequência de situações concebidas para satisfazer o gosto das pessoas. Os próprios sistemas de pagamento e contratação são afetados por tais preferências. Se todas as atrizes de cinema em potencial não gostassem muito da incerteza, haveria uma tendência a surgirem "cooperativas" de atrizes, cujas integrantes concordariam com antecedência em compartilhar toda a renda que recebessem de forma mais ou menos uniforme, proporcionando assim a cada uma um seguro por meio da repartição de riscos. Se tal preferência fosse generalizada, grandes empresas diversificadas que combinassem empreendimentos arriscados com não arriscados se tornariam a regra. O petroleiro que faz prospecção de alto risco empresarial, a propriedade privada, a pequena empresa, tudo isso passaria a ser coisa rara.

De fato, essa é uma forma de interpretar as medidas do governo para redistribuir a renda por meio de impostos progressivos e expedientes semelhantes. Pode-se argumentar que, por uma razão ou por outra, talvez pelos custos de administração, o mercado jamais produziria a gama de loterias ou o tipo de loteria desejado pelos membros da comunidade, e que a tributação progressiva é, por assim dizer, uma iniciativa que cabe ao governo. Não tenho dúvida de que essa visão contém um elemento de verdade; ao mesmo tempo, dificilmente justifica a tributação atual, sobretudo porque os impostos são cobrados *depois* que se sabe quem levou o prêmio e quem levou o bilhete em branco na loteria da vida, e os impostos são votados principalmente por aqueles que pensam que levaram o bilhete em branco. Pode-se, nesse sentido, justificar que uma geração vote nas tabelas de imposto a serem aplicadas a uma geração que ainda não nasceu. Qualquer procedimento desse tipo, imagino, geraria tabelas de imposto de renda muito menos progressivas do que as atuais, pelo menos no papel.

Embora grande parte da desigualdade de renda gerada pelo pagamento de acordo com o produto reflita as diferenças "compensadoras" ou a satisfação dos gostos dos homens pela incerteza, outra grande parte reflete as diferenças iniciais de dotes, tanto de capacidade humana quanto de propriedade. Essa é a parte que levanta a questão ética realmente difícil.

Argumenta-se muito que é essencial traçar a distinção entre a desigualdade nos dotes pessoais e na propriedade, e entre as desigualdades decorrentes da riqueza herdada e da riqueza adquirida. As desigualdades resultantes de diferenças na capacidade pessoal ou na riqueza acumulada pelo indivíduo em questão são consideradas adequadas, ou não tão claramente inadequadas quanto as diferenças resultantes da riqueza herdada.

Essa distinção é insustentável. Existe alguma grande justificativa ética para os altos ganhos de uma pessoa que herda de seus pais uma voz peculiar, para a qual há enorme demanda, e não para os altos ganhos da pessoa que herda uma propriedade? Os filhos de comissários russos certamente têm uma expectativa maior de renda — talvez também de falência — do que os filhos dos camponeses. Isso é mais ou menos justificável do que a expectativa de uma renda mais alta do filho de um milionário americano? Podemos olhar para essa mesma questão de outro modo. Um pai que possui uma riqueza que deseja passar para o filho pode fazê-lo de diferentes maneiras. Pode usar determinada quantia de dinheiro para financiar a formação do filho para ser, digamos, um contador público, ou para abrir-lhe um negócio, ou para instituir um fundo que venha a lhe proporcionar renda. Em qualquer desses casos, o filho terá uma renda maior do que teria sem essas providências. Mas, no primeiro caso, sua renda será considerada proveniente da capacidade humana; no segundo, dos lucros; no terceiro, da riqueza herdada. Há algum fundamento para diferenciar essas categorias de renda por motivos éticos? Concluindo, parece ilógico dizer que uma pessoa tem direito ao que produziu por meio de sua capacidade pessoal ou ao produto da renda que acumulou, mas não tem o direito de transmitir renda para os filhos; dizer que uma pessoa pode usar sua renda para uma vida de excessos, mas não pode dá-la aos herdeiros. É claro que esta última é também uma forma de usar o que se produziu.

O fato de que esses argumentos contra a chamada ética capitalista sejam inválidos não demonstra, naturalmente, que a ética capitalista seja aceitável. Acho difícil justificar tanto sua aceitação quanto sua rejeição, ou qualquer princípio alternativo. Sou levado a crer que a questão não pode ser considerada um princípio ético; deve ser considerada instrumental ou um corolário de algum outro princípio, como o da liberdade.

Alguns exemplos hipotéticos podem ilustrar a dificuldade fundamental. Suponha que existam quatro Robinson Crusoés, residindo isoladamente em quatro ilhas na mesma região. Aconteceu de um deles desembarcar em uma ilha grande e frutífera que lhe permite viver bem e com facilidade. Os outros desembarcaram em ilhas minúsculas e um tanto áridas, nas quais mal conseguem sobreviver. Um dia, eles descobrem a existência uns dos outros. Claro, seria generoso da parte do Crusoé da ilha grande convidar os outros a se juntarem a ele e compartilharem de sua riqueza. Mas suponha que não faça isso. Seria justificável que os outros três se unissem e o obrigassem a dividir sua riqueza? Muitos leitores ficarão tentados a dizer que sim. Mas, antes de ceder a essa tentação, considere exatamente a mesma situação sob diferentes aspectos. Suponha que você e três amigos estão caminhando pela rua e por acaso você encontra uma nota de 20 dólares na calçada. Seria generoso da sua parte, é claro, dividir essa quantia igualmente com eles, ou pelo menos convidá-los para um drinque. Mas suponha que você não faça isso. Haveria justificativa para os outros três se unirem e o obrigarem a dividir igualmente os 20 dólares? Acho que a maioria dos leitores ficará tentada a dizer que não. E, refletindo melhor, eles podem até concluir que o procedimento generoso não é claramente o "certo". Será que estamos preparados para exigir de nós mesmos ou de nossos semelhantes que qualquer pessoa cuja riqueza exceda a média da de todas as pessoas no mundo deva dispor do excesso, distribuindo-o igualmente a todos os demais habitantes do mundo? Podemos admirar e elogiar tal ação quando realizada por alguns, mas uma partilha universal dos pães impossibilitaria um mundo civilizado.

De qualquer modo, dois erros não fazem um acerto. A relutância do Robinson Crusoé rico ou do sortudo que encontra a nota de 20 dólares em compartilhar suas riquezas não justifica o uso da coerção por parte dos outros. Podemos justificar o fato de sermos juízes em causa própria, decidindo por nós mesmos quando temos o direito de usar a força para tirar dos outros o que consideramos nos ser devido? Ou o que consideramos que os outros não merecem? A maioria das diferenças de status ou posição ou riqueza dificilmente pode ser considerada um produto do acaso. O homem que trabalha duro e é econômico deve ser considerado "merecedor"; no entanto, essas qualidades se devem muito aos genes que ele teve a sorte (ou a infelicidade?) de herdar.

Apesar de da boca para fora defendermos o "mérito" e não a "sorte", em geral estamos muito mais dispostos a aceitar as desigualdades decorrentes da sorte do que aquelas claramente atribuíveis ao mérito. O professor universitário cujo colega ganha em um sorteio irá invejá-lo, mas é improvável que lhe deseje o mal ou que se considere injustiçado. Agora, se o colega receber um aumento pequeno de salário que torne o salário dele mais alto do que o seu, é muito provável que o professor se sinta injustiçado. Afinal, a deusa da sorte, como a da justiça, é cega. O aumento do salário foi um julgamento deliberado de um mérito relativo.

## O *papel instrumental da distribuição de acordo com o produto*

A função operacional do pagamento de acordo com o produto em uma sociedade de mercado não é essencialmente distributiva, mas alocativa. Como foi mostrado no capítulo 1, o princípio fundamental de uma economia de mercado é a cooperação por meio da troca voluntária. Os indivíduos cooperam uns com os outros porque assim podem satisfazer seus próprios desejos com mais eficácia. Mas, a menos que receba tudo o que acrescenta ao produto, cada indivíduo fará trocas com base no que pode receber, e não no que pode produzir. Não ocorrerão trocas que teriam sido mutuamente benéficas se cada parte recebesse o que contribuiu para o produto agregado. O pagamento de acordo com o produto é, portanto, necessário para que os recursos sejam usados de forma mais eficaz, ao menos em um sistema que depende de cooperação voluntária. Se houver conhecimento suficiente, pode ser que a compulsão seja substituída pelo incentivo à recompensa, embora eu duvide disso. Pode-se embaralhar objetos inanimados, pode-se obrigar alguém a estar em certos lugares em certos momentos, mas dificilmente pode-se obrigar as pessoas a darem o melhor de si. Dito de outra forma, a substituição da compulsão pela cooperação muda a quantidade de recursos disponíveis.

Embora a função essencial do pagamento de acordo com o produto em uma sociedade de mercado seja permitir que os recursos sejam alocados de maneira eficiente sem compulsão, é improvável que seja tolerado se não for considerado também um gerador de justiça distributiva. Nenhuma sociedade é estável se não tiver um núcleo básico de juízos de valor tacitamente aceitos pela grande maioria de seus membros. Algumas instituições fundamentais devem ser aceitas como "absolutas", não apenas instrumentais. Acredito que o pagamento feito de acordo com o produto foi, e em grande medida ainda é, uma dessas instituições ou juízos de valor aceitos.

Pode-se demonstrar isso examinando os motivos pelos quais os adversários internos do sistema capitalista atacaram a distribuição de renda que dele resulta. É uma característica distintiva do núcleo de valores básicos de uma sociedade aceita igualmente por seus membros, quer eles se considerem defensores ou adversários do sistema de organização da sociedade. Mesmo os mais severos críticos internos do capitalismo aceitaram implicitamente que o pagamento de acordo com o produto é eticamente justo.

A crítica mais abrangente veio dos marxistas. Marx argumentava que a mão de obra era explorada. Por quê? Porque o trabalhador fabricava o produto por inteiro, mas obtinha apenas parte dele; o resto é a "mais-valia" de Marx. Mesmo que as declarações do fato implícitas nessa afirmação fossem aceitas, o juízo de valor ocorre apenas se alguém aceitar a ética capitalista. O trabalhador só é "explorado" se tiver direito ao que produz. Se, em vez disso, aceitarmos a premissa socialista, "a cada um, de acordo com suas necessidades; a cada um, de acordo com suas habilidades", seja lá o que isso signifique, é necessário comparar o que o trabalhador produz não com o que obtém, mas com suas "habilidades", e comparar o que o trabalhador obtém não com o que produz, mas com suas "necessidades".

O argumento marxista também é inválido, é claro, por outros motivos. Em primeiro lugar, há a confusão entre o produto total resultante de todos os recursos cooperantes e a quantidade agregada ao produto — no jargão da economia, o produto marginal. Ainda mais impressionante: há uma mudança não declarada no significado de "trabalho" ao passar da premissa para a conclusão. Marx reconhecia o papel do capital na produção do produto, mas considerava o capital como trabalho incorporado. Sendo assim, escritas na íntegra, as premissas do silogismo marxista seriam: "O trabalho presente e o passado produzem a totalidade do produto. O trabalho presente obtém apenas parte do produto." Presume-se que a conclusão lógica seja "o trabalho passado é explorado", e a inferência para que se passe à ação é a de que o trabalho passado deveria obter mais do produto, embora não fique claro como, a menos que a sugestão seja escrevê-lo em lápides elegantes.

A alocação de recursos sem compulsão é o principal papel instrumental da distribuição no mercado de acordo com o produto. Mas não é o único papel instrumental da desigualdade resultante. Observamos, no capítulo 1, a função que a desigualdade desempenha ao proporcionar focos independentes de poder para compensar a centralização do poder político, bem como ao promover a liberdade civil, fornecendo "patronos" para financiar a disseminação de ideias impopulares ou simplesmente novas. Além disso, na esfera econômica, proporciona "patronos" para financiar a experimentação e o desenvolvimento de novos produtos — para a compra dos primeiros automóveis e aparelhos de televisão experimentais, sem contar as pinturas impressionistas. Por fim, permite que a distribuição ocorra de maneira impessoal, sem a necessidade da "autoridade" — uma faceta especial do papel geral do mercado ao promover a cooperação e a coordenação sem a coerção.

## Fatos relativos à distribuição de renda

Um sistema capitalista que compreende o pagamento de acordo com o produto pode ser caracterizado, e na prática é, por uma desigualdade considerável de renda e de patrimônio. Com frequência, esse fato é mal interpretado, como se significasse que o capitalismo e a livre iniciativa produzem uma desigualdade maior do que os sistemas alternativos e, como corolário, que a expansão e o desenvolvimento do capitalismo levaram a um aumento da desigualdade. Tal interpretação errônea é fomentada pelo caráter enganoso da maioria dos números publicados sobre a distribuição de renda, em particular sua incapacidade de diferenciar a desigualdade de curto prazo da de longo prazo. Vejamos alguns dos fatos mais abrangentes sobre a distribuição de renda.

Um dos fatos mais marcantes que contrariam a expectativa geral tem a ver com as fontes de receita. Quanto mais capitalista é um país, menor é o percentual da renda paga pelo uso do que é em geral considerado como capital, e maior é o percentual do que é pago por serviços humanos. Em países subdesenvolvidos como Índia, Egito etc., cerca de metade da renda total provém de rendimentos de propriedade. Nos Estados Unidos, cerca de um quinto é renda de propriedade. E, em outros países capitalistas avançados, a proporção não é muito diferente. Claro, esses países têm muito mais capital do que os países primitivos, mas são ainda mais ricos na capacidade produtiva de seus residentes; portanto, a maior renda da propriedade é uma fração menor do total. A grande conquista do capitalismo não foi a acumulação de propriedade, mas as oportunidades oferecidas a homens e mulheres para ampliar, desenvolver e melhorar suas capacidades. No entanto, os opositores gostam de condená-lo como materialista, os aliados muitas vezes justificam o materialismo do capitalismo como um custo necessário do progresso.

Outros fatos notáveis, ao contrário da concepção popular, são que o capitalismo leva a menos desigualdade do que sistemas alternativos de organização e que o desenvolvimento do capitalismo diminuiu muito o tamanho da desigualdade. As comparações no tempo e no espaço confirmam essa visão. Certamente há muitíssimo menos desigualdade nas sociedades capitalistas ocidentais, como os países escandinavos, França, Grã-Bretanha e Estados Unidos, do que em uma sociedade de estratificação social como a Índia ou um país atrasado como o Egito. A comparação com países comunistas como a Rússia é mais difícil devido à escassez de evidências e à falta de confiabilidade nas que estão disponíveis. Mas, se a desigualdade é medida pelas diferenças nos níveis de vida entre os privilegiados e as outras classes, essa desigualdade pode até ser menor nos países capitalistas do que nos comunistas. Nos países ocidentais, a desigualdade parece menor, em qualquer sentido significativo, quanto mais capitalista é o país: menor na Grã-Bretanha do que na França, menor nos Estados Unidos do que na Grã-Bretanha, embora essas comparações sejam dificultadas pelo problema de levar em consideração a heterogeneidade intrínseca das populações; para uma comparação justa, por exemplo, talvez devêssemos comparar os Estados Unidos não apenas com o Reino Unido, mas com o Reino Unido mais as Índias Ocidentais e suas possessões africanas.

Com relação às mudanças ao longo do tempo, o progresso econômico alcançado nas sociedades capitalistas é acompanhado por uma redução drástica da desigualdade. Ainda em 1848, John Stuart Mill podia escrever: "Até agora [1848], é questionável se todas as invenções mecânicas já ocorridas aliviaram o trabalho diário de qualquer ser humano. Também contribuíram para que uma população maior vivesse a mesma vida de trabalho penoso e confinamento e para que um número maior de industriais e outras pessoas fizessem fortuna. Aumentaram o conforto das classes médias, mas ainda não começaram a efetuar aquelas grandes mudanças no destino humano que estão em sua natureza e em seu futuro ainda por realizar."[1] Tal afirmação provavelmente não era correta nem mesmo para a época de Mill, mas hoje certamente ninguém poderia escrever isso com relação aos países capitalistas avançados. Vale ainda para o resto do mundo.

A principal característica do progresso e do desenvolvimento no século passado é terem libertado as massas do trabalho árduo e disponibilizado produtos e serviços que antes eram monopólio das classes altas, sem expandir, na mesma proporção, os produtos e serviços disponíveis para os ricos. Medicina à parte, os avanços da tecnologia, em sua maioria, apenas disponibilizaram para a grande população luxos que de alguma forma sempre estiveram disponíveis para os ricos. Os sistemas de saneamento modernos, o aquecimento central, os automóveis, a televisão, o rádio, só para citar alguns exemplos, proporcionaram às massas confortos equivalentes àqueles que os ricos sempre obtiveram utilizando empregados, animadores e assim por diante.

---

1    MILL, John Stuart. *Principles of Political Economy* [Princípios de economia política]. Ashley ed.; Londres: Longmans, Green, 1909. p. 751.

É difícil obter uma comprovação estatística detalhada sobre esses fenômenos na forma de distribuição de renda significativa e comparável, embora estudos confirmem as conclusões gerais que acabamos de apresentar. Porém, esses dados estatísticos podem ser extremamente enganosos, pois eles não distinguem as diferenças de renda que são compensadoras daquelas que não o são. Por exemplo, a curta vida profissional de um jogador de beisebol significa que a renda anual durante seus anos ativos deve ser muito maior do que em atividades alternativas igualmente atraentes do ponto de vista financeiro. Mas essa diferença afeta os números exatamente da mesma forma que qualquer outra diferença de renda. A unidade de renda por meio da qual os números são apresentados também é de grande importância. Uma distribuição para destinatários de renda individual sempre mostra uma desigualdade aparente muito maior do que uma distribuição para unidades familiares: muitos dos indivíduos são donas de casa que trabalham meio período ou recebem uma pequena quantia de renda de propriedade, ou outros membros da família em condições semelhantes. A distribuição relevante para as famílias será aquela que as classifica pela renda familiar total? Ou será pela renda por pessoa? Ou por unidade equivalente? Isso não é mera banalidade. Acredito que a mudança na distribuição das famílias por número de filhos é o principal fator a reduzir a desigualdade dos níveis de vida neste país na metade do último século. Seu papel é muito mais importante do que o dos impostos progressivos sobre herança e renda. Os níveis de vida realmente baixos eram o produto conjunto de rendas familiares relativamente baixas e de um número relativamente grande de filhos. O número médio de filhos diminuiu, e, mais importante, esse declínio foi acompanhado e amplamente produzido pela extinção das grandes famílias. Como consequência, as famílias tendem a diferir muito menos quanto ao número de filhos. No entanto, essa mudança não se refletiria na distribuição das famílias pelo tamanho da renda familiar total.

Um problema importante na interpretação dos dados sobre a distribuição de renda é a necessidade de distinguir dois tipos de desigualdade fundamentais: diferenças de renda temporárias de curto prazo e diferenças no status de renda de longo prazo. Considere duas sociedades com a mesma distribuição de renda anual. Em uma, há grande mobilidade e mudanças, de modo que a posição de determinadas famílias na hierarquia de renda varia muito de ano para ano. Na outra, há uma grande rigidez, de modo que cada família permanece na mesma posição ano após ano. Certamente, em qualquer sentido significativo, a segunda seria a sociedade com maior desigualdade. O primeiro tipo de desigualdade é um sinal de mudança dinâmica, mobilidade social, igualdade de oportunidades; a outra, de uma sociedade de status. A confusão entre esses dois tipos de desigualdade é particularmente importante, porque o capitalismo da livre concorrência empresarial tende a substituir uma pela outra. Sociedades não capitalistas tendem a ter maior desigualdade do que as capitalistas, ainda que consideradas pela renda anual; além disso, a desigualdade nas primeiras tende a ser permanente, enquanto o capitalismo destrói o status e introduz a mobilidade social.

## Medidas adotadas pelo governo para alterar a distribuição de renda

O método que os governos mais têm usado para alterar a distribuição de renda é a aplicação do imposto progressivo sobre renda e herança. Antes de considerar sua conveniência, vale perguntar se a medida foi bem-sucedida.

Não há uma resposta conclusiva para essa questão com o conhecimento que temos hoje. A análise que faço a seguir é pessoal, embora espere não estar mal informado, e é expressa aqui, por uma questão de brevidade, de modo mais dogmático do que justifica a natureza da evidência. Minha impressão é que essa medida fiscal teve um efeito relativamente menor, embora não desprezível, no sentido de estreitar as diferenças entre grupos médios de famílias, classificados segundo certas estatísticas de renda. No entanto, também introduziu desigualdades essencialmente arbitrárias de magnitude comparável entre pessoas dessas classes de renda. Como resultado, não ficou claro se o efeito líquido em termos do objetivo básico de igualdade de tratamento ou igualdade de resultados foi aumentar ou diminuir a igualdade.

As alíquotas do imposto, no papel, são elevadas e altamente progressivas, mas seu efeito foi dissipado de dois modos diferentes. Em primeiro lugar, a distribuição dos impostos se tornou mais desigual, o que tem sido o efeito habitual da incidência da tributação. Ao desencorajar a declaração de atividades fortemente tributadas — nesse caso, atividades com grande risco e desvantagens não pecuniárias —, essas medidas aumentam o rendimento nessas atividades. Em segundo lugar, a atitude estimulou medidas legislativas, por exemplo para contornar as chamadas "brechas" fiscais da lei, como redução de porcentagem, isenção de juros sobre títulos estaduais e municipais, tratamento especialmente favorável a ganhos de capital, contas de despesas, outras formas indiretas de pagamento, conversão de renda ordinária em ganhos de capital e assim por diante, em número e espécies desconcertantes. O efeito foi tornar as alíquotas reais impostas muito mais baixas do que as alíquotas nominais e, talvez mais importante, tornar a incidência das alíquotas inconstante e desigual. Pessoas de mesmo nível econômico pagam impostos muito diferentes, dependendo da contingência da fonte de sua renda e das oportunidades de sonegação. Se as alíquotas atuais fossem eficazes, o efeito sobre os incentivos e similares poderia ser grave a ponto de causar uma perda radical na produtividade da sociedade. Portanto, a evasão fiscal pode ter sido essencial para o bem-estar econômico. Sendo assim, o ganho foi comprado às custas de grande desperdício de recursos e da implantação de desigualdade generalizada. Alíquotas nominais muito mais baixas, além de uma base mais abrangente por meio de uma tributação mais igualitária de todas as fontes de renda, poderiam tornar a incidência média mais progressiva, mais equitativa em detalhes, e desperdiçariam menos recursos.

A avaliação de que o imposto de renda da pessoa física tem impacto arbitrário e eficácia limitada na redução da desigualdade é amplamente compartilhada por estudiosos do assunto, incluindo muitos que defendem o imposto progressivo para reduzir a desigualdade. Eles também pedem que as alíquotas das faixas superiores sejam drasticamente reduzidas, e a base, ampliada.

Outro fator que reduziu o impacto da estrutura do imposto progressivo sobre a desigualdade de renda e patrimônio é que esses impostos são muito menos incidentes sobre quem já é rico do que sobre quem se torna rico. Embora limitem o uso da renda do patrimônio existente, são muito mais capazes de impedir — se forem eficazes — o acúmulo de patrimônio. A tributação da renda sobre patrimônio não contribui em nada para reduzir o patrimônio em si, simplesmente reduz o nível de consumo e acréscimos ao patrimônio que os proprietários podem sustentar. As medidas fiscais são um incentivo para evitar riscos e incorporar o patrimônio existente de formas relativamente estáveis, o que reduz a probabilidade de que os acúmulos de patrimônio existentes sejam dissipados. Por outro lado, o principal caminho para novos acúmulos é por meio de grandes rendas correntes, cuja grande parte é poupada e investida em atividades de risco, algumas das quais produzirão alta rentabilidade. Se o imposto de renda fosse efetivo, fecharia essa rota. Em consequência, seu efeito seria o de proteger os atuais detentores de patrimônio da concorrência dos novos. Na prática, esse efeito é dissipado pelos dispositivos de prevenção já mencionados. É notável como grande parte dos novos acúmulos tenha se concentrado no petróleo, setor em que a porcentagem de licenças de esgotamento propicia um caminho particularmente fácil para o recebimento de receitas isentas de impostos.

Ao avaliar a conveniência do imposto progressivo, parece-me importante distinguir dois problemas, embora a distinção não tenha uma aplicação precisa: primeiro, a captação de recursos para financiar as despesas daquelas atividades governamentais que se decidiu realizar (incluindo, talvez, medidas para eliminar a pobreza discutidas no capítulo 12); segundo, a cobrança de impostos apenas para fins redistributivos. O primeiro pode muito bem exigir alguma medida de progressão, tanto com base na avaliação dos custos de acordo com os benefícios quanto com base nos padrões sociais de igualdade. Mas as atuais taxas nominais elevadas nas faixas superiores de renda e herança dificilmente podem ser justificadas com base nisso — no mínimo porque seu rendimento é muito baixo.

Acho difícil, como liberal, encontrar justificativa para a tributação progressiva apenas para a redistribuição de renda. Esse parece ser um caso claro do uso da coerção para tirar de alguns para dar a outros e, assim, entrar em conflito direto com a liberdade individual.

Consideradas todas as questões, a estrutura do imposto de renda de pessoa física que me parece melhor é a de um imposto único sobre a renda acima de uma faixa de isenção, definindo-se a renda de forma ampla, permitindo-se deduções apenas para despesas estritamente definidas da renda auferida. Como já foi sugerido no capítulo 5, eu combinaria esse programa com a abolição do imposto de renda sobre a pessoa jurídica, assim como a exigência de que as empresas sejam obrigadas a distribuir seu lucro para os acionistas, que, por sua vez, sejam obrigados a incluir esses valores em suas declarações fiscais. As outras mudanças desejáveis mais importantes são a eliminação do percentual de esgotamento do petróleo e de outras matérias-primas, a eliminação da isenção de impostos de juros sobre títulos estaduais e locais, a eliminação do tratamento especial de ganhos de capital, a coordenação do imposto de renda com o de propriedade e sobre doações, e a eliminação de numerosas deduções atualmente permitidas.

A isenção, a meu ver, pode ser um grau de progressão justificado (veja a discussão mais detalhada no capítulo 12). É muito diferente 90% da população votar em impostos sobre si mesma com isenção para os outros 10% do que 90% votar em impostos punitivos sobre os outros 10% — o que foi feito nos Estados Unidos. Um imposto único proporcional envolveria pagamentos absolutos mais elevados por pessoas com rendas mais elevadas para financiar os serviços do governo, o que não é manifestamente inadequado em termos dos benefícios conferidos. Ainda assim, evitaria uma situação em que um grande número de pessoas pudesse votar para impingir aos outros impostos que não afetassem sua própria carga tributária.

A proposta de substituir a atual estrutura de um imposto progressivo por um imposto único parecerá radical a muitos leitores — e é mesmo, em termos de conceito. Por isso, não se pode enfatizar com tanta veemência que não é radical em termos de remuneração da receita, redistribuição de renda ou qualquer outro critério relevante. Nossas atuais alíquotas de imposto de renda variam de 20% a 91%, chegando a 50% sobre o excedente de receitas tributáveis acima de 18 mil dólares para contribuintes solteiros ou de 36 mil dólares para contribuintes casados apresentando declarações conjuntas. No entanto, um imposto único de 23,5% sobre a renda tributável como a presentemente declarada e definida, isto é, acima das atuais isenções e após todas as deduções permitidas, geraria tanta receita quanto o atual imposto com alíquotas progressivas.[2] Na verdade, esse imposto único, mesmo sem qualquer alteração em outros aspectos da lei, geraria uma receita maior porque um montante maior de renda tributável seria declarado por três motivos: haveria menos incentivos para adotar esquemas legais, mas onerosos, que reduzem o montante de renda tributável declarada (a chamada elisão fiscal); haveria menos incentivos para deixar de declarar receitas que, por lei, deveriam ser declaradas (evasão fiscal); a remoção dos efeitos desestimulantes da atual estrutura de impostos produziria um uso mais eficiente dos recursos atuais e uma receita mais elevada.

Se o rendimento das alíquotas progressivas atuais é tão baixo, o mesmo ocorre com seus efeitos redistributivos. O que não significa que não haja danos. Pelo contrário. O rendimento é tão baixo, em parte, porque alguns dos homens mais competentes do país dedicam suas energias a inventar maneiras de mantê-lo assim; e porque muitos outros homens norteiam suas atividades de olho

---

2    Esse ponto é tão importante que vale a pena fornecer os números e cálculos. No momento em que escrevo, os números estão disponíveis até o ano fiscal de 1959 no US Internal Revenue Service, *Statistics of Income for 1959* [Série Estatística de 1959 da Receita Federal dos Estados Unidos]. Lucro tributável agregado relatado em 1959:

| | |
|---|---|
| Declarações de IRPF | 166.540 milhões de dólares |
| Imposto sobre a renda antes do crédito fiscal | 39.092 milhões de dólares |
| Imposto sobre a renda depois do crédito fiscal | 38.645 milhões de dólares |

Um imposto único de 23,5% sobre o rendimento tributável agregado teria rendido (0,235) × 166.540 milhões de dólares = 39.137 milhões de dólares. Se considerarmos o mesmo crédito tributário, o rendimento final teria sido aproximadamente o mesmo que o obtido.

nos efeitos dos impostos. Tudo isso é puro desperdício. E o que ganhamos? No máximo, a satisfação por parte de alguns pelo fato de o Estado redistribuir renda. E até mesmo esse sentimento se baseia na ignorância dos reais efeitos da estrutura tributária progressiva e certamente iria evaporar se os fatos fossem conhecidos.

Retomando a questão da distribuição de renda, há uma clara justificativa para a ação social de um tipo muito diferente da tributação para afetar a distribuição de renda. Grande parte da desigualdade real decorre de imperfeições do mercado, mas muitas foram criadas ou podem ser removidas pela ação do governo. Há inúmeros motivos para ajustar as regras do jogo de forma a eliminar essas fontes de desigualdade. Por exemplo, os privilégios de monopólios especiais concedidos pelo governo, tarifas e outros dispositivos legais, beneficiando grupos específicos, são uma fonte de desigualdade. A remoção desses privilégios é muito bem-vinda para os liberais. A abrangência e ampliação das oportunidades educacionais é um fator importante na redução das desigualdades. Medidas como essas têm a virtude operacional de atacar as fontes de desigualdade, em vez de aliviar os sintomas.

A distribuição de renda é ainda outra área em que o governo tem causado mais danos por meio de um conjunto de medidas do que tem desfeito por meio de outros. É mais um exemplo da justificativa da intervenção governamental em termos dos alegados defeitos do sistema empresarial privado, quando muitos dos fenômenos dos quais os defensores do governo inflado se queixam são, por si só, criação do governo, inflado ou reduzido.

# CAPÍTULO 11
# MEDIDAS PARA O BEM-ESTAR SOCIAL

O sentimento humanitário e igualitário que contribuiu para que fosse criado o imposto de renda de pessoa física altamente progressivo também contribuiu para uma série de outras medidas com o intuito de promover o "bem-estar" de grupos específicos. O conjunto mais importante de medidas é o pacote enganosamente rotulado de "previdência social". Outros são: habitação popular, salário mínimo, subsídio ao agronegócio, assistência médica para grupos específicos, programas de auxílio especial etc.

Primeiro, tecerei breves comentários sobre alguns dos últimos, sobretudo para indicar como seus efeitos reais podem ser diferentes daqueles pretendidos. Então, analisarei mais a fundo o maior componente do programa de previdência social, a aposentadoria de idosos e o seguro de pensionistas.

## Diversas medidas de assistência social

1. *Habitação popular.* Um argumento apresentado com frequência em favor da habitação popular tem por base um suposto efeito de vizinhança: favelas, em particular, e outras moradias de baixa qualidade, em menor grau, impõem custos mais altos para a comunidade na forma de proteção policial e contra incêndio. Esse efeito de vizinhança literal pode muito bem existir. Mas, na medida em que o faz, torna-se, por si só, um argumento, não a favor da habitação popular, mas da cobrança de impostos mais altos sobre o tipo de habitação que aumenta os custos sociais, uma vez que isso tenderia a igualar o custo privado e o social.

A resposta imediata é que outros impostos incidirão sobre as pessoas de baixa renda e que isso é indesejável. Isso significa que a habitação popular é proposta não com base nos efeitos de vizinhança, mas como um meio de ajudar as pessoas de baixa renda. Se for esse o caso, por que subsidiar moradias? Se os recursos são usados para ajudar os pobres, não seria mais eficaz doá-los em dinheiro do que em artigos? Certamente, as famílias ajudadas iriam preferir uma quantia em dinheiro do que uma moradia. Com isso, poderiam optar por gastá-lo em moradia ou não. Portanto, elas nunca estariam em situação pior se recebessem dinheiro; se considerassem outras necessidades mais importantes, estariam em melhor situação financeira. O subsídio em dinheiro resolveria o efeito de vizinhança tanto quanto o subsídio em artigos, pois, se não fosse utilizado para a compra de moradias, estaria disponível para pagar outros impostos decorrentes do efeito de vizinhança.

A habitação popular não se justifica, portanto, nem com base no efeito de vizinhança nem para ajudar famílias pobres. A justificativa para isso, se tanto, se baseia apenas no paternalismo: no fato de que as famílias ajudadas "precisam" de moradia mais do que "precisam" de outras coisas, mas elas mesmas não concordariam ou gastariam o dinheiro com imprudência. Os liberais tendem a rejeitar esse argumento, entendendo que adultos são responsáveis pela própria vida. Não podem rejeitá-lo quando há crianças envolvidas; ou seja, o argumento de que os pais não cuidarão do bem-estar das crianças, que "precisam" de moradias melhores. Mas os liberais certamente exigirão provas mais contundentes e diretas do que as que são em geral oferecidas antes de aceitar esse argumento final para justificar grandes despesas com moradias populares.

Tanta coisa poderia ter sido dita de maneira abstrata, antes da real experiência com a habitação popular. Agora que já tivemos a experiência, podemos ir muito mais longe. Na prática, a habitação popular acabou tendo resultados muito diferentes dos pretendidos.

Em vez de melhorar a habitação dos pobres, como pretendiam seus proponentes, a habitação popular fez exatamente o contrário. O número de unidades habitacionais destruídas durante a construção de conjuntos habitacionais públicos foi muito maior do que o número de novas unidades habitacionais. Mas a habitação popular nada fez para reduzir o número de pessoas a serem alojadas. O resultado da habitação popular foi, portanto, o aumento do número de moradores por unidade habitacional. Algumas famílias provavelmente ficaram mais bem alojadas do que em outras circunstâncias — aquelas que tiveram a sorte de conseguir uma vaga nas unidades habitacionais construídas com recursos públicos. Mas isso só piorou o problema para o restante, uma vez que a densidade média do conjunto aumentou.

Claro, a iniciativa privada compensou alguns dos efeitos deletérios do programa de habitação popular pela transformação de bairros existentes e pela construção de novos, fosse para as pessoas diretamente deslocadas ou, o que é mais habitual, para aquelas que são deslocadas em uma ou duas remoções na dança das cadeiras posta em ação pelos projetos. No entanto, esses recursos privados estariam disponíveis na ausência do programa de habitação popular.

Por que o programa teve esse resultado? Pelo motivo geral que já expusemos mais de uma vez. O interesse geral que motivou tantas pessoas a apoiá-lo é difuso e transitório. Uma vez adotado, o projeto estava fadado a controlar os interesses especiais aos quais poderia servir. Nesse caso, os interesses especiais eram aqueles grupos locais ansiosos para que as áreas de degradação urbana fossem limpas e reformadas, fosse porque possuíam propriedades lá ou porque a degradação ameaçava os bairros comerciais. A habitação popular servia como um meio conveniente para atingir seu objetivo, que exigia mais destruição do que construção.

Mesmo assim, a "degradação urbana" ainda está em pleno vigor, a julgar pela crescente pressão por recursos federais para solucioná-la.

Outro ganho que os defensores esperavam da habitação popular era a redução da delinquência juvenil ao melhorar as condições de moradia. Aqui, também, o programa, em muitos casos, teve o resultado oposto, independentemente de seu fracasso em melhorar as condições regulares de habitação. As restrições corretas impostas para a ocupação da habitação popular por meio de aluguel subsidiado resultaram em uma grande concentração, em particular, de famílias desfeitas, de mães divorciadas ou viúvas com filhos. Filhos de famílias desfeitas têm grande probabilidade de se tornarem crianças "problemáticas", e uma elevada concentração dessas crianças tem grande probabilidade de aumentar a delinquência juvenil. Prova disso foi o forte efeito adverso de um projeto de habitação popular sobre as escolas na vizinhança. Embora uma escola possa absorver prontamente algumas crianças "problemáticas", é difícil absorver um grande número delas. No entanto, em alguns casos, as famílias desfeitas chegam a um terço ou mais do total de um projeto de habitação popular, e o projeto responde pela maioria das crianças na escola. Se essas famílias tivessem sido ajudadas com doações em dinheiro, poderiam ter se dispersado mais profusamente pela comunidade.

2. *Salário mínimo.* As leis sobre salário mínimo são o caso mais claro que se pode encontrar de uma medida cujos resultados são precisamente o oposto daqueles pretendidos pelas pessoas bem-intencionadas que a apoiam. Muitas das que defendem essas leis deploram, com bastante propriedade, os valores extremamente baixos; consideram-nos um sinal de pobreza; e esperam reduzir a pobreza com a proibição de salários abaixo de determinado nível. Na verdade, se as leis de salário mínimo têm algum efeito, é claramente o aumento da pobreza. O Estado pode estabelecer um nível mínimo de salário pela legislação. Dificilmente pode exigir que os empregadores contratem por aquele mínimo todos os que estavam empregados anteriormente com salários abaixo do mínimo. Por certo, não é do interesse dos empregadores fazer isso. O efeito do salário mínimo é, portanto, o aumento do desemprego em comparação com a situação

anterior. Levando-se em conta que os baixos salários são de fato um sinal de pobreza, as pessoas que ficam desempregadas são exatamente aquelas que menos podem se dar ao luxo de desistir da renda que estavam recebendo, por menor que pareça para as pessoas que votam a favor do salário mínimo.

Em um aspecto, esse caso é muito parecido com o da habitação popular. Em ambos, as pessoas ajudadas são visíveis — aquelas que recebem aumento de salário; que ocupam as unidades construídas pelo poder público. As pessoas prejudicadas são anônimas, e seu problema não está claramente relacionado à causa: aquelas que se juntam às filas de desempregados ou, mais provavelmente, que nunca estão empregadas em determinadas atividades por causa da existência do salário mínimo e são levadas a atividades de remuneração ainda mais baixa ou para as listas dos que recebem auxílio; as pessoas que se aglomeram cada vez mais nas favelas em expansão, que parecem ser um sinal da necessidade de mais moradias populares em vez de uma consequência dos atuais programas habitacionais.

Grande parte do apoio às leis de salário mínimo não vem de pessoas de boa vontade e desinteressadas, mas daquelas com interesses em benefícios próprios. Por exemplo, os sindicatos do norte e as empresas do norte ameaçados pela concorrência do sul são a favor de leis de salário mínimo para reduzir a concorrência do sul.

3. *Sustentação de preços agrícolas.* As políticas de sustentação de preços na agricultura são outro exemplo. Na medida em que podem ser justificadas por outros motivos que não o fato político de que as áreas rurais estão sobrerrepresentadas no colégio eleitoral e no Congresso,

deve-se acreditar que, em média, os agricultores têm rendimentos baixos. Mesmo que isso seja aceito como um fato, a sustentação de preços agrícolas não alcança o objetivo pretendido de ajudar os agricultores que precisam de ajuda. Em primeiro lugar, os benefícios são, no mínimo, inversos à necessidade, já que são proporcionais à quantidade vendida no mercado. O agricultor sem recursos não apenas vende menos no mercado do que o agricultor mais rico; ocorre também que boa parte de sua receita é obtida de produtos cultivados para seu próprio uso, e estes não atendem aos requisitos para receber os benefícios. Em segundo lugar, os benefícios, se é que há, para os agricultores do programa de sustentação de preços são muito menores do que o valor total gasto. Isso é absolutamente claro no que diz respeito ao montante gasto com armazenamento e custos semelhantes que não vão para o agricultor — na realidade, os provedores de instalações e espaço para armazenamento poderiam ser os verdadeiros beneficiados em todo o processo. O mesmo se aplica ao valor gasto na compra de produtos agrícolas. Assim, o agricultor é induzido a gastar valores adicionais em fertilizantes, sementes, maquinário etc. No máximo, apenas o excedente aumenta sua renda. E, finalmente, até mesmo esse resíduo de um resíduo superestima o ganho, já que o resultado do programa é manter no campo pessoas que não permaneceriam por lá. O único benefício líquido dessas pessoas é o excedente, se houver, do que podem ganhar no campo com o programa de sustentação de preços sobre o que podem naturalmente ganhar no campo. O principal efeito do programa de compra da produção é aumentar a produção agrícola, não a renda do agricultor.

Alguns dos custos do programa de compra da produção agrícola são tão óbvios e conhecidos que basta citar: o consumidor pagou duas vezes, em impostos destinados a financiar benefícios agrícolas e no alto preço dos alimentos; o fazendeiro ficou sobrecarregado tanto pelas restrições onerosas quanto pelo controle centralizado detalhado; o país foi sobrecarregado por uma burocracia em expansão. Há, no entanto, custos bem menos conhecidos. O programa agrícola tem sido um grande obstáculo na execução de uma política externa. Para manter o preço doméstico maior do que o preço mundial, foi necessário impor cotas às importações de muitos artigos. Mudanças imprevisíveis em nossa política tiveram sérios efeitos adversos em outros países. O alto preço do algodão encorajou outros países a aumentar sua produção de algodão. Quando nosso alto preço doméstico resultou em um elevado estoque, passamos a vender no exterior a preços baixos, impondo grandes prejuízos aos produtores que tinham sido incentivados a expandir sua produção por nossas ações anteriores. A lista de casos semelhantes poderia ser multiplicada.

## A *previdência social para aposentados e pensionistas*

O programa de "previdência social" é uma daquelas coisas sobre as quais a tirania do *status quo* está começando a exercer sua magia. Apesar da controvérsia que envolveu sua concepção, o programa passou a ser encarado como fato consumado, de tal modo que a intenção de participar dele dificilmente é questionada. No entanto, acarreta uma invasão em larga escala da vida pessoal de grande parte do país sem, a meu ver, qualquer justificativa convincente, não apenas em termos dos princípios liberais, mas também de quase qualquer outro. Proponho examinarmos sua fase maior, que envolve pagamentos aos idosos.

Do ponto de vista operacional, o programa conhecido como seguro para a velhice e para o sobrevivente (OASI, na sigla em inglês) consiste em um imposto especial cobrado sobre as folhas de pagamento, mais o pagamento a pessoas que atingiram determinada faixa etária, de valores determinados pela idade em que se inicia o pagamento, pela situação familiar e pelo registro de ganhos anteriores.

Do ponto de vista analítico, OASI consiste em três elementos distintos:

1. A exigência de que uma extensa classe de pessoas compre anuidades específicas, ou seja, provisão obrigatória para a velhice.
2. A exigência de que a anuidade seja comprada do governo; ou seja, estatização da provisão dessas anuidades.
3. Um sistema de redistribuição de renda, uma vez que o valor das anuidades a que as pessoas têm direito ao entrarem no sistema não é igual às taxas que pagarão.

Claro que não há necessidade de combinar esses elementos. Cada um poderia ser obrigado a pagar sua própria anuidade; poderia haver permissão para se adquirir uma anuidade de empresas privadas; ainda assim, as pessoas poderiam ser obrigadas a comprar anuidades específicas. O governo poderia entrar no negócio de venda sem obrigar os indivíduos a comprar anuidades específicas, mas exigir que o negócio seja autossustentável. E é evidente que o governo pode se envolver com a redistribuição sem recorrer ao artifício das anuidades.

Consideremos, portanto, cada um desses elementos separadamente para ver até que ponto podem ser justificados, se é que podem. Acredito que nossa análise será facilitada se os considerarmos na ordem inversa.

1. *Redistribuição de renda*. O atual programa OASI envolve dois grandes tipos de redistribuição: de alguns beneficiários para outros; do contribuinte geral para os beneficiários.

O primeiro tipo de redistribuição é principalmente daqueles que entraram no sistema relativamente jovens para aqueles que entraram em uma idade avançada. Estes últimos estão recebendo, e por algum tempo receberão, uma quantia maior em benefícios do que poderiam adquirir proporcionalmente às taxas que pagaram. Sob as atuais tabelas de impostos e benefícios, por outro lado, aqueles que entraram no sistema muito jovens certamente receberão menos.

Não vejo qualquer fundamento — liberal ou outro que seja — com o qual se possa defender esse tipo de redistribuição. O subsídio aos beneficiários independe de sua pobreza ou riqueza; uma pessoa com recursos o recebe tanto quanto um indigente. O subsídio é pago com um imposto único sobre os rendimentos até um máximo, e constitui-se em uma fração maior das rendas baixas do que das altas. Que justificativa pode haver para se obrigar um jovem a pagar um imposto para subsidiar o idoso, não importando o status econômico do idoso? Impor uma alíquota maior de imposto com esse propósito sobre as pessoas de baixa renda do que sobre as de alta renda; ou, com essa finalidade, aumentar as receitas para pagar o subsídio através de um imposto nas folhas de pagamento?

O segundo tipo de redistribuição ocorre porque há grandes chances de que o sistema não seja completamente autofinanciável. Durante o período em que muitos estavam cobertos e pagando as taxas e poucos se qualificavam para os benefícios, o sistema parecia ser autofinanciado e, até mesmo, superavitário. Mas essa aparência é explicada pelo fato de não se observar o acúmulo de contribuições não pagas pelos contribuintes. É duvidoso que as que foram pagas tenham sido suficientes para financiar os benefícios acumulados. Muitos especialistas afirmam que, mesmo no regime de caixa, será necessário um subsídio. E esse subsídio geralmente é necessário em sistemas semelhantes em outros países. Trata-se de um assunto técnico que não podemos nem precisamos abordar aqui e sobre o qual pode haver grandes diferenças de opinião.

Para nosso propósito, basta a seguinte questão hipotética: se for necessário, o subsídio do contribuinte geral é justificável? Não vejo por quê. Podemos querer ajudar as pessoas pobres. Mas haverá alguma justificativa para ajudarmos as pessoas, pobres ou não, por terem certa idade? Não é esta uma redistribuição totalmente arbitrária?

O único argumento que encontrei para justificar a redistribuição do OASI é aquele que considero imoral, apesar de seu amplo uso: o de que o programa, em média, ajuda mais as pessoas de baixa renda do que as de alta renda, apesar da grande arbitrariedade envolvida na questão. Argumenta-se que seria melhor fazer essa redistribuição de modo mais eficiente, no entanto, a comunidade não apoiará a redistribuição feita diretamente, embora a apoie como parte de um pacote da previdência social. Em essência, o que esse argumento diz é que a comunidade pode ser levada a votar a favor de uma medida que se opõe a seus interesses, desde que seja apresentada sob uma falsa aparência. Desnecessário dizer que as pessoas que argumentam desse modo são as mais veementes ao condenarem a propaganda comercial "enganosa"![1]

2. *Estatização da provisão de anuidades obrigatórias.* Suponha que evitemos a redistribuição exigindo que cada pessoa pague pela anuidade que quiser, no sentido de que o prêmio seja suficiente para cobrir o valor presente da anuidade, levando-se em consideração a taxa de mortalidade e o rendimento dos juros. Qual a justificativa, então, para se exigir que o plano seja comprado de uma empresa do governo? Se a redistribuição deve ser realizada, certamente o poder de tributação do governo tem de ser usado. Mas, se a redistribuição não deve fazer parte do programa e, como acabamos de ver, é difícil encontrar uma justificativa para que faça, por que não permitir que os indivíduos comprem suas anuidades de empresas privadas, se assim o desejarem? Temos uma analogia aproximada nas leis estaduais que exigem a compra

---

1 Outro exemplo atual do mesmo argumento está relacionado com as propostas de subsídios federais para a escolarização (erroneamente rotuladas de "auxílio à educação"). Pode-se defender o uso de recursos federais para complementar as despesas com a escolarização nos estados de menor renda, sob o argumento de que as crianças escolarizadas podem migrar para outros estados. Não há justificativa, no entanto, para a cobrança de impostos sobre todos os estados nem para que sejam dados subsídios federais a todos os estados. No entanto, todo projeto de lei apresentado ao Congresso prevê o último caso e não o primeiro. Alguns defensores desses projetos de lei, que reconhecem que apenas subsídios para alguns estados são justificáveis, sustentam sua posição dizendo que um projeto de lei que prevê apenas esses subsídios não seria aprovado e que a única maneira de obter subsídios desproporcionais para os estados mais pobres é incluí-los em um projeto de lei que prevê subsídios para todos os estados.

compulsória do seguro de responsabilidade civil automobilística. Pelo que sei, nenhum estado onde tal lei vigore sequer tem uma seguradora estadual. Como irá, então, obrigar proprietários de carro a adquirir o seguro de um órgão governamental?

Possíveis economias de escala não são argumento para estatizar a provisão de anuidades. Se ocorrem, e o governo cria uma empresa para vender contratos de anuidade, poderá vender a preços inferiores aos dos concorrentes em virtude de seu tamanho. Nesse caso, fará o negócio sem coação. Se não é possível vender abaixo da concorrência, então presumivelmente não está havendo economia de escala ou ela não é suficiente para superar outras desvantagens da atuação governamental.

Uma possível vantagem da estatização da provisão das anuidades é facilitar a execução de sua compra compulsória. No entanto, essa parece ser uma vantagem insignificante. Seria fácil conceber soluções administrativas alternativas, como exigir que as pessoas incluam uma cópia de um recibo de pagamento do prêmio junto com suas declarações de imposto de renda; ou fazer com que seus empregadores certifiquem que cumpriram o requisito. O problema administrativo seria seguramente menor em comparação com o que está sendo imposto pelas disposições atuais.

Os custos da estatização parecem claramente superar qualquer vantagem insignificante. Aqui, como em qualquer outra questão, a liberdade individual de escolha e a concorrência das empresas privadas para atrair clientes promoveriam tanto melhorias nos tipos de contratos disponíveis quanto a maior variedade e diversidade para atender às necessidades individuais. No nível político, há o óbvio ganho de evitar uma expansão na escala da atividade governamental e a ameaça indireta à liberdade toda vez que ocorre esse tipo de expansão.

Alguns custos políticos menos óbvios decorrem do caráter do presente programa. As questões envolvidas tornam-se muito técnicas e complexas. O leigo muitas vezes não é capaz de avaliá-las. Estatização significa que os "especialistas" se tornam, em sua maioria, funcionários do sistema estatizado, ou pessoas de universidades intimamente ligadas a ele. Inevitavelmente, passam a favorecer sua expansão, não por interesse próprio, é bom ressalvar, mas porque estão atuando em uma estrutura na qual já contam com a administração do governo e estão familiarizados apenas com suas técnicas. A única coisa que salva nos Estados Unidos, até o momento, é a existência de seguradoras privadas envolvidas em atividades semelhantes.

O controle efetivo do Congresso sobre as operações de órgãos como a Administração da Seguridade Social torna-se, na essência, impossível em decorrência do caráter técnico de sua tarefa e de seu quase monopólio de especialistas. Esses órgãos são autônomos, mas suas propostas são, na maioria, carimbadas pelo Congresso. Os homens competentes e ambiciosos que fazem carreiras nesses locais estão naturalmente ansiosos para expandir seu alcance, e é muito difícil impedi-los. Se o especialista disser sim, quem será o encarregado que estará lá para dizer não? Assim, vemos uma parte cada vez maior da população atraída para o sistema de previdência social, e, agora que já não há tanta possibilidade de expansão nesse sentido, vemos um movimento para a adoção de novos programas, como o da assistência médica.

Concluo que o argumento contra a estatização da provisão de anuidades é extremamente forte, não apenas em

MEDIDAS PARA O BEM-ESTAR SOCIAL

termos de princípios liberais, mas até mesmo em termos dos valores expressos pelos defensores do Estado benefícente. Se eles acreditam que o governo pode prestar um serviço melhor do que o mercado, devem ser a favor da possibilidade de que uma empresa estatal emissora de anuidades concorra abertamente com outras privadas. Se estiverem certos, a empresa estatal será lucrativa. Se estiverem errados, a previdência social terá continuidade por haver uma alternativa privada. Apenas o socialista doutrinário, ou aquele que acredita no controle centralizado, pode, no meu entender, assumir uma posição de princípio a favor da estatização da provisão de anuidades.

3. *A compra obrigatória de anuidades.* Uma vez que já esclarecemos os pontos anteriores, estamos prontos para enfrentar a principal questão: obrigar as pessoas a usar parte da renda atual para comprar anuidades para sustentar sua velhice.

Uma possível justificativa para tal obrigatoriedade é estritamente paternalista. As pessoas poderiam, se desejassem, decidir fazer individualmente o que a lei exige que façam como um grupo. Mas sozinhas, elas não têm visão e são imprudentes. "Nós" sabemos melhor do que "elas" que é para seu próprio bem que se faça previdência para a velhice em maior medida do que fariam voluntariamente; não podemos persuadi-las uma por uma; mas podemos persuadir 51% ou mais delas a obrigar todas a fazer o que é para seu próprio bem. Esse paternalismo é voltado para adultos responsáveis, portanto não tem nem a desculpa de ser uma preocupação com crianças ou pessoas clinicamente insanas.

Essa postura é, em seus princípios, consistente e lógica. Um paternalista consumado que a sustente não será dissuadido se lhe for mostrado que está cometendo um erro de lógica. Ele é nosso oponente por princípio, não apenas um amigo bem-intencionado, mas mal orientado. No fundo, ele acredita em ditadura. Pode ser benevolente, talvez majoritária, mas mesmo assim é uma ditadura.

Aqueles de nós que acreditam na liberdade devem acreditar também na liberdade dos indivíduos de cometerem seus próprios erros. Se um homem prefere viver o hoje e usar seus recursos para desfrutá-los no tempo presente, optando por uma velhice de pobreza, com que direito o impedimos de fazê-lo? Podemos discutir com ele, tentar persuadi-lo de que está errado, mas temos o direito de usar a coerção para impedi-lo de fazer o que prefere? Não existe sempre uma possibilidade de que ele esteja certo, e nós, errados? A humildade é a virtude que distingue a pessoa que acredita na liberdade; a arrogância é própria do paternalista.

Poucas pessoas são paternalistas consumadas. É uma postura menos atraente, se examinada com calma e frieza. No entanto, o argumento paternalista desempenhou um papel tão importante em medidas como a previdência social que vale a pena explicá-lo.

Uma possível justificativa para a compra obrigatória de anuidades, com base nos princípios liberais, é a de que o imprevidente não sofrerá as consequências de sua própria ação, mas imporá custos a terceiros. Não vamos querer, como se diz, ver os indigentes idosos sofrerem na pobreza extrema. Devemos ajudá-los por meio de instituições de caridade públicas e privadas. Por consequência, o homem que não cuida da velhice se tornará um encargo público. Obrigá-lo a comprar uma anuidade justifica-se não para o seu próprio bem, mas para o bem de todos nós.

MEDIDAS PARA O BEM-ESTAR SOCIAL

O peso desse argumento depende claramente dos fatos. Se 90% da população se tornasse encargos públicos aos 65 anos por não haver a obrigatoriedade da compra de anuidades, o argumento teria grande peso. Se apenas 1% o fizesse, o argumento não teria peso algum. Por que restringir a liberdade de 99% para evitar os custos que o 1% imporia à comunidade?

A crença de que grande parte da comunidade se tornaria encargos públicos se não for obrigada a comprar anuidades deve sua plausibilidade à Grande Depressão, época em que o OASI foi promulgado. De 1931 a 1940, mais de um sétimo da força de trabalho estava desempregada, e o desemprego era proporcionalmente mais pesado entre os trabalhadores mais velhos. Essa experiência não teve precedentes e não se repetiu desde então. Não aconteceu porque as pessoas eram imprevidentes e deixaram de se precaver para a velhice. Foi uma consequência, como vimos, da má gestão do governo. O OASI é uma cura, se é que pode ser considerado assim, para uma doença muito diferente e com a qual não tínhamos experiência.

Os desempregados da década de 1930 certamente criaram um sério problema para o programa de auxílio financeiro, de modo que muitas pessoas se tornaram despesas públicas. Mas a velhice não era o problema mais sério, de modo algum. Muitas pessoas em idade produtiva estavam nas listas de auxílio financeiro ou de assistência. E a expansão contínua do OASI — até hoje mais de dezesseis milhões de pessoas recebem benefícios — não impediu o crescimento contínuo do número dos que recebem ajuda financeira pública.

Os sistemas privados para o cuidado dos idosos mudaram muito com o tempo. Os filhos eram, no passado, o principal meio pelo qual as pessoas sustentavam a própria velhice. Com o enriquecimento da comunidade, os costumes mudaram. As responsabilidades impostas aos filhos de cuidar dos pais diminuíram, e cada vez mais pessoas passaram a fazer provisões para a velhice acumulando patrimônio ou adquirindo direitos de previdência privada. Nos últimos tempos, o desenvolvimento de planos de pensão além do OASI se acelerou. Na verdade, alguns estudiosos acreditam que a continuação das tendências atuais aponta para uma sociedade em que grande parte do público economiza em seus anos produtivos para proporcionar ao seu tempo de velhice um padrão de vida mais elevado do que jamais desfrutou no auge da juventude. Podemos até pensar que essa tendência é perversa, mas, se reflete a preferência da comunidade, que assim seja.

A compra compulsória de anuidades impôs, portanto, grandes custos com pouco ganho. Privou a todos nós do controle sobre parte considerável de nossa renda, exigindo que a dediquemos a um propósito específico: adquirir uma anuidade de aposentadoria específica de uma empresa governamental. Inibiu a concorrência na venda de anuidades e no desenvolvimento de planos de aposentadoria. Deu origem a uma grande burocracia que mostra tendências de crescer a partir daquilo de que se alimenta, de estender seu alcance de uma área para outra da vida. E tudo isso para evitar o perigo de que algumas pessoas se tornem um peso para o público.

# CAPÍTULO 12
## A REDUÇÃO DA POBREZA

O extraordinário crescimento econômico desfrutado pelos países ocidentais nos últimos dois séculos e a ampla distribuição dos benefícios da livre iniciativa reduziram enormemente a extensão da pobreza em qualquer sentido absoluto nos países capitalistas do Ocidente. Mas a pobreza é, em parte, uma questão relativa e, mesmo nesses países, há claramente muitas pessoas vivendo em condições que rotulamos como pobreza.

Um recurso, e em muitos aspectos o mais desejável, é a caridade privada. É digno de nota que o apogeu do *laissez-faire*, em meados e no final do século XIX na Grã-Bretanha e nos Estados Unidos, tenha testemunhado uma proliferação extraordinária de organizações e instituições beneficentes privadas. Um dos principais custos da ampliação das atividades assistencialistas do governo foi o correspondente declínio das atividades de caridade privada.

Pode-se argumentar que a caridade privada é insuficiente porque seus benefícios vão para outras pessoas além daquelas que fazem as doações — novamente, um efeito de vizinhança.

Fico angustiado com a visão da pobreza; sou beneficiado quando ela é abrandada; mas sou igualmente beneficiado quando pago ou se outra pessoa pagar para que seja abrandada; os benefícios da caridade de outras pessoas, portanto, revertem, em parte, para mim. Em outras palavras, podemos todos estar dispostos a contribuir para a redução da pobreza, *contanto* que todos os outros o façam. Podemos não querer contribuir com o mesmo valor sem essa garantia. Em pequenas comunidades, a pressão pública pode ser suficiente para que se cumpra a condição, mesmo com a caridade privada. Nas grandes comunidades impessoais, que estão cada vez mais dominando nossa sociedade, é muito mais difícil fazer isso.

Suponha que se aceite, como eu, essa linha de raciocínio que justifica a ação do governo para aliviar a pobreza; estabelecer, por assim dizer, um piso abaixo do padrão de vida de cada pessoa na comunidade. Restam as perguntas: quanto e como? Não vejo como decidir "quanto", exceto em termos da quantidade de impostos que estejamos dispostos — e aqui quero dizer a grande maioria das pessoas — a cobrar de nós mesmos com essa finalidade. A questão "como" oferece mais espaço para especulação.

Duas coisas parecem claras. Primeira, se o objetivo é aliviar a pobreza, deveríamos ter um programa voltado para ajudar os pobres. Há todos os motivos para se ajudar o homem pobre que pode ser um fazendeiro, não por ser fazendeiro, mas porque é pobre. O programa, em outras palavras, deve ser elaborado para ajudar as pessoas como pessoas, não como membros de grupos profissionais ou de determinadas faixas etárias e salariais ou organizações trabalhistas ou empresariais. Esse é um defeito dos

A REDUÇÃO DA POBREZA

programas agrícolas, dos benefícios gerais para idosos, do salário mínimo, da legislação pró-sindicato, das tarifas, normas para licenciamento de um ofício ou profissão, e assim por diante, em uma profusão que não parece ter fim. Em segundo lugar, na medida do possível, o programa não deve, ao operar através do mercado, distorcê-lo nem impedir seu funcionamento. Esse é um defeito das políticas de sustentação de preços, das leis de salário mínimo, das tarifas e coisas do gênero.

A solução que se recomenda por motivos puramente mecânicos é um imposto de renda negativo. Temos hoje uma isenção de 600 dólares por pessoa para o imposto de renda federal (mais uma dedução geral mínima de 10%). Se uma pessoa recebe 100 dólares de renda tributável, ou seja, uma renda de 100 dólares depois da isenção e deduções, paga um imposto. De acordo com a proposta, se sua renda tributável for de menos 100 dólares, ou seja, 100 dólares negativos depois de aplicada a isenção mais deduções, ela pagará um imposto negativo, ou seja, receberá um subsídio. Se a alíquota de subsídio for, digamos, de 50%, receberá 50 dólares. Se não tiver nenhuma renda e, para simplificar, nenhuma dedução, e a alíquota for constante, receberá 300 dólares. Poderia receber mais do que isso se tivesse deduções, por exemplo, para despesas médicas, de forma que sua renda menos as deduções fosse negativa antes mesmo de subtrair a isenção. Claro, as alíquotas do subsídio poderiam ser progressivas, como as alíquotas do imposto da isenção. Dessa forma, seria possível estabelecer um piso para a renda (definido para incluir o subsídio) — no exemplo simples, 300 dólares por pessoa. A definição exata do piso dependerá do quanto a comunidade poderá pagar.

As vantagens dessa proposta são claras. É voltada especificamente para o problema da pobreza. Presta auxílio mais útil para o indivíduo — ou seja, dando dinheiro. É geral e pode substituir toda a série de medidas especiais hoje em vigor. Explicita o custo para a sociedade. Atua fora do mercado. Como qualquer outra medida para aliviar a pobreza, reduz os incentivos para que os ajudados ajudem a si mesmos, mas não os elimina, como faria um sistema de renda suplementar até um mínimo estabelecido. Um dólar a mais significa mais dinheiro disponível para despesas.

Sem dúvida, poderá haver problemas de administração, mas me parecem uma desvantagem menor, se é que são desvantagem. O modelo se encaixará diretamente em nosso atual sistema de imposto de renda e poderá ser administrado em conjunto. O sistema tributário atual cobre a maior parte dos recebedores de renda, e a necessidade de cobrir todos terá o subproduto de melhorar o funcionamento do imposto de renda atual. Mais importante ainda: se for promulgado como um substituto para a atual colcha de retalhos de medidas voltadas para o mesmo fim, certamente haverá redução da carga administrativa total.

Alguns cálculos breves também sugerem que essa proposta poderá custar muito menos — sem falar no grau de intervenção governamental envolvida — do que nossa atual coleção de medidas assistenciais. Por outro lado, esses cálculos podem ser considerados uma demonstração do tamanho do desperdício causado pelas medidas atuais, supostamente voltadas para ajudar os pobres.

Em 1961, o governo (federal, estadual e local) somava algo em torno de 33 bilhões de dólares em pagamentos diretos em programas assistenciais e toda sorte de programas:

A REDUÇÃO DA POBREZA

assistência à velhice, pagamentos de benefícios de previdência social, ajuda a filhos dependentes, assistência geral, programas de sustentação dos preços agrícolas, habitação popular etc.[1] Excluí os benefícios dos veteranos ao fazer o cálculo. Também não fiz nenhuma provisão para os custos diretos e indiretos de medidas como salário mínimo, tarifas, normas para licenciamento e assim por diante, ou para as despesas com saúde pública, despesas estaduais e locais com hospitais, instituições mentais e semelhantes.

Existem aproximadamente 57 milhões de unidades consumidoras (pessoas independentes e famílias) nos Estados Unidos. As despesas de 33 bilhões de dólares referentes a 1961 teriam financiado doações diretas em dinheiro de aproximadamente 6 mil dólares por unidade de consumidor para os 10% de renda mais baixa. Esses subsídios teriam aumentado as receitas em uma taxa acima da média em todas as unidades nos Estados Unidos. Por outro lado, essas despesas teriam financiado a doação de quase 3 mil dólares por unidade de consumidor para os 20% de renda mais baixa. Ainda que se fosse além, chegando àquele terço a quem os *New Dealers* gostavam de

---

1 Esse número equivale aos pagamentos de transferências do governo (31,1 bilhões de dólares) menos os benefícios dos veteranos (4,8 bilhões de dólares), ambos das contas da receita nacional do Departamento de Comércio, mais despesas federais com o programa agrícola (5,5 bilhões de dólares) mais despesas federais com habitação popular e outros auxílios à moradia (0,5 bilhão de dólares), ambos das contas do Tesouro, para o ano encerrado em 30 de junho de 1961, mais uma verba aproximada de 0,7 bilhão de dólares para aumentá-la para, talvez, bilhões e autorizar despesas administrativas com programas federais, omitidos os programas estaduais e locais e itens diversos. Meu palpite é que esse número está substancialmente subestimado.

chamar de mal alimentados, mal abrigados e malvestidos, as despesas de 1961 teriam financiado auxílios de quase 2 mil dólares por unidade de consumidor, aproximadamente a soma que, após considerar a mudança no nível de preços, era a renda que separava o terço inferior dos dois terços superiores em meados da década de 1930. Hoje, menos de um oitavo das unidades de consumidores, considerando a variação do nível de preços, tem renda tão baixa quanto a do terço mais baixo em meados da década de 1930.

Claro que todos esses programas são muito mais extravagantes do que se pode justificar em termos de "alívio da pobreza", mesmo em uma interpretação bastante generosa dessa expressão. Um programa que *suplementasse* a renda dos 20% das unidades consumidoras que têm a renda mais baixa, de modo a elevá-la à renda mais baixa das demais, custaria menos da metade do que gastamos hoje.

A principal desvantagem do imposto de renda negativo aqui proposto são suas implicações políticas. Ele estabelece um sistema sob o qual são cobrados impostos de alguns para pagar subsídios a outros. E, presumivelmente, esses outros têm direito a voto. Sempre existe o perigo de que, em vez de ser uma solução segundo a qual a grande maioria se tributa voluntariamente para ajudar uma minoria desafortunada, vai se converter em um sistema segundo o qual a maioria estabelece impostos em seu próprio benefício sobre uma minoria relutante. Como essa proposta torna o processo tão explícito, o perigo talvez seja maior do que com outras medidas. Não vejo solução para esse problema, exceto contar com o desprendimento e boa vontade do eleitorado.

Escrevendo sobre um problema semelhante, as pensões dos idosos britânicos, em 1914, Dicey afirmou: "Certamente

A REDUÇÃO DA POBREZA                                     303

um homem sensato e benevolente pode muito bem se perguntar se a Inglaterra como um todo ganhará decretando
que o recebimento de um auxílio para aliviar a pobreza,
na forma de uma pensão, será compatível com o fato de
o pensionista ter o direito de participar da eleição de um
membro do Parlamento."[2]

O veredito da experiência na Grã-Bretanha sobre a
questão de Dicey deve ser considerado, até o momento,
conflitante. A Inglaterra adotou o sufrágio universal sem
revogar os direitos dos aposentados ou de outros beneficiários de auxílio estatal. E tem havido uma enorme expansão da tributação de alguns em benefício de outros, o que
certamente deve ter contribuído para o atraso do crescimento da Grã-Bretanha e, portanto, pode nem mesmo ter
beneficiado a maioria daqueles que consideram que estão
do lado dos que recebem. Mas essas medidas não destruí-
ram, pelo menos por enquanto, as liberdades nem o sistema predominantemente capitalista da Grã-Bretanha. E,
mais importante, tem havido alguns sinais de uma virada
da maré e de desprendimento por parte do eleitorado.

## Liberalismo e igualdade

O cerne da filosofia liberal é a crença na dignidade da pessoa, em sua liberdade de aproveitar ao máximo suas apti-
dões e oportunidades de acordo com seu próprio enten-
dimento, sujeita apenas à condição de não interferir na
liberdade dos outros de fazerem o mesmo. Isso implica
uma crença na igualdade das pessoas, em certo sentido, e

---

2    DICEY, A. V. *Law and Public Opinion in England* [Lei e opinião pública
na Inglaterra]. 2. ed. Londres: Macmillan, 1914. p. xxxv.

na desigualdade em outro. Cada pessoa tem igual direito à liberdade. Esse é um direito importante e fundamental precisamente porque todos são diferentes, porque uma pessoa pode usar sua liberdade para fazer coisas que outra não faria e, no processo, contribuir mais do que outra para a cultura geral da sociedade em que vivem.

Os liberais, portanto, farão uma distinção nítida entre igualdade de direitos e igualdade de oportunidades, por um lado, e igualdade material ou igualdade de resultados, por outro. Eles podem ficar felizes com o fato de que uma sociedade realmente livre tende a uma igualdade material maior do que qualquer outra já experimentada, mas considerarão isso um subproduto desejável de uma sociedade livre, não sua principal justificativa. Apreciarão medidas que promovam a liberdade e a igualdade, como eliminar o poder de monopólio e melhorar o funcionamento do mercado. Considerarão a caridade privada voltada para ajudar os menos afortunados como um exemplo do uso adequado da liberdade. E poderão aprovar a ação do Estado para a redução da pobreza como uma forma mais eficaz de a maior parte da comunidade alcançar um objetivo comum. Mas o farão com pesar se tiverem de substituir a ação voluntária pela obrigatória.

Os igualitários também chegarão aqui, mas vão querer ir mais longe. Defenderão que se tire de alguns para dar a outros, não como um meio mais eficaz pelo qual os "alguns" possam alcançar um objetivo desejado, mas por uma questão de "justiça". Nesse ponto, a igualdade entra em conflito explícito com a liberdade; deve-se escolher. Nesse sentido, não se pode ser ao mesmo tempo igualitário e liberal.

# CAPÍTULO 13
## CONCLUSÃO

Nas décadas de 1920 e 1930, a maioria esmagadora dos intelectuais nos Estados Unidos estava convencida de que o capitalismo era um sistema falho que inibia o bem-estar econômico e, portanto, a liberdade, e que a esperança para o futuro residia em uma dimensão maior do controle deliberado das autoridades políticas sobre os assuntos econômicos. A conversão dos intelectuais não se deu pelo exemplo de uma sociedade coletivista real, embora, sem dúvida, tenha sido muito acelerada pela instauração de uma sociedade comunista na Rússia e pelas brilhantes esperanças nela depositadas. A conversão dos intelectuais se deu por uma comparação entre o estado de coisas existente, com todas as suas injustiças e imperfeições, e um estado de coisas hipotético, de como poderia ser. O real foi comparado com o ideal.

Na época, não era possível muito mais. É verdade que a humanidade viveu muitas épocas de controle centralizado, de intervenção minuciosa do Estado nos assuntos econômicos. Mas houve uma revolução na política, na ciência e na tecnologia. Certamente, argumentava-se, podemos nos sair muito melhor do que era possível em épocas anteriores, agora com uma estrutura política democrática, com ferramentas e ciências modernas.

As atitudes daquela época se repetem hoje. Ainda há uma tendência a se considerar desejável qualquer intervenção do governo, atribuir todos os males ao mercado e avaliar novas propostas de controle governamental no campo ideal, onde poderiam funcionar se administradas por pessoas capazes e desinteressadas, livres da pressão de grupos de interesses especiais. Os que propõem um governo limitado e a livre iniciativa ainda estão na defensiva.

No entanto, as condições mudaram. Vivemos várias décadas de experiência de intervenção do governo. Já não é necessário comparar o mercado como ele realmente funciona e a intervenção estatal como idealmente deveria funcionar. Podemos comparar o real com o real.

Fazendo isso, fica evidente que a diferença entre o funcionamento real do mercado e seu funcionamento ideal — que sem dúvida é grande — não é nada comparada com a diferença entre os resultados reais da intervenção do governo e seus resultados pretendidos. Quem ainda vê alguma grande esperança no avanço da liberdade e da dignidade dos homens na tremenda tirania e despotismo que dominam a Rússia? Marx e Engels escreveram em *O manifesto comunista*: "Os proletários não têm nada a perder [na revolução comunista], além de seus grilhões. Têm um mundo a conquistar." Quem hoje pode considerar os grilhões dos proletários da União Soviética mais fracos do que os dos proletários dos Estados Unidos, da Grã-Bretanha, da França, da Alemanha ou de qualquer Estado ocidental?

CONCLUSÃO

Vamos olhar agora para nosso quintal. Quais das grandes "reformas" das últimas décadas, se é que houve alguma, atingiram seus objetivos? As boas intenções dos que as propuseram foram realizadas?

A regulamentação das ferrovias para proteger o consumidor logo se tornou um instrumento pelo qual as ferrovias se protegeram da concorrência de rivais emergentes — às custas, é claro, do consumidor.

O imposto de renda, inicialmente aprovado com alíquotas baixas e posteriormente aproveitado como um meio para redistribuir renda em favor das classes mais baixas, agora serve de fachada, cobrindo brechas e dispositivos especiais que fazem com que as alíquotas altamente progressivas no papel sejam em grande parte ineficazes. Uma alíquota única de 23,5% sobre a renda tributável atual renderia tanta receita quanto as alíquotas progressivas atuais, que vão de 20% a 91%. O imposto de renda destinado a reduzir a desigualdade e promover a difusão da riqueza, na prática, promove o reinvestimento dos lucros das empresas, favorecendo o crescimento das grandes corporações, inibindo o funcionamento do mercado de capitais e desestimulando a criação de novas empresas.

As reformas monetárias, destinadas a promover a estabilidade da atividade econômica e dos preços, exacerbaram a inflação durante e após a Primeira Guerra Mundial e promoveram um grau de instabilidade mais alto do que jamais se experimentara. As autoridades monetárias instituídas por essas reformas são as principais responsáveis por converter uma séria contração econômica na catástrofe da Grande Depressão, que ocorreu de 1929 a 1933. Um sistema estabelecido em grande parte para evitar o pânico bancário produziu o mais grave pânico bancário da história americana.

O programa agrícola destinado a ajudar agricultores sem recursos e a acabar com supostas desordens básicas na agricultura tornou-se um escândalo nacional que desperdiçou recursos públicos, distorceu seu uso, fixou controles cada vez mais pesados e detalhados sobre os agricultores, interferiu seriamente na política externa dos Estados Unidos e pouco fez para ajudar o agricultor pobre.

O programa habitacional destinado a melhorar as condições de moradia dos pobres, reduzir a delinquência juvenil e contribuir para a remoção de favelas urbanas piorou as condições de moradia dos pobres, contribuiu para a delinquência juvenil e disseminou a degradação urbana.

Na década de 1930, "trabalhador" era sinônimo de "sindicato dos trabalhadores" para a comunidade intelectual; a confiança na pureza e virtude dos sindicatos era equivalente à confiança no lar e na maternidade. Uma extensa legislação foi promulgada para favorecer os sindicatos e promover relações trabalhistas "justas". Os sindicatos se fortaleceram. Na década de 1950, "sindicato dos trabalhadores" era quase um palavrão; não era mais sinônimo de "trabalhador", não era mais automaticamente visto como bom ou angelical.

Foram aprovadas medidas na previdência social para tornar o recebimento dos benefícios uma questão de direito e acabar com a necessidade de auxílio e benefícios diretos. Milhões de pessoas recebem benefício da previdência social. No entanto, o número de inscritos para receber auxílio só aumenta, e os valores gastos com o benefício direto não param de crescer.

É fácil aumentar essa lista: o programa de compra de prata dos anos 1930, os projetos para produção de energia, os programas de ajuda externa dos anos do pós-guerra,

CONCLUSÃO

a Comissão Federal de Comunicações, os programas de redesenvolvimento urbano, o programa de armazenamento... estes e muitos outros tiveram resultados muito diferentes e geralmente bastante opostos aos pretendidos.

Houve exceções. As vias expressas cruzando o país, as represas magníficas que atravessam grandes rios, os satélites em órbita: todos, prova da capacidade do governo de comandar grandes recursos. O sistema escolar, com todos os seus defeitos e problemas, com todas as possibilidades de melhoria através da atuação mais eficaz das forças do mercado, ampliou as oportunidades disponíveis para a juventude americana e contribuiu para a expansão da liberdade. É uma prova dos esforços do espírito público das muitas dezenas de milhares de pessoas que serviram em conselhos escolares locais e da disposição da população de arcar com impostos pesados para o que consideravam uma finalidade pública. As leis antitruste de Sherman, com todos os seus problemas de detalhamento administrativo excessivo, estimularam a competição por sua própria existência. A adoção de medidas na área da saúde pública contribuiu para a redução de doenças infecciosas. As medidas de assistência social aliviaram o sofrimento e a pobreza. As autoridades locais frequentemente dispuseram instalações essenciais para a vida das comunidades. A lei e a ordem foram mantidas, embora em muitas cidades grandes o desempenho do governo, até mesmo nessa função elementar, tenha ficado longe do satisfatório. Como um cidadão de Chicago, falo com muito pesar.

Colocando na balança, não resta dúvida de que o resultado é sombrio. A maior parte dos novos empreendimentos do governo nas últimas décadas não atingiu seu objetivo. Os Estados Unidos continuaram a progredir; seus cidadãos tornaram-se mais bem alimentados, mais bem vestidos, passaram a ter moradias e meios de transporte melhores; as diferenças de classe e sociais diminuíram; as minorias tornaram-se menos desfavorecidas; a cultura popular teve um enorme progresso. Tudo isso foi produto da iniciativa e determinação de indivíduos cooperando *por meio da* economia de mercado. As atuações do governo dificultaram esse desenvolvimento, em vez de contribuir. Só conseguimos suportar e superar essas atuações por causa da fecundidade extraordinária do mercado. A mão invisível tem sido mais poderosa ao promover o progresso do que a mão visível que leva ao retrocesso.

Foi por acaso que tantas reformas do governo nas últimas décadas deram errado, que as maiores esperanças se transformaram em cinzas? Foi apenas porque os programas apresentaram falhas nos detalhes?

Acredito que a resposta seja claramente negativa. O defeito principal dessas medidas está em visar, por meio do governo, forçar as pessoas a agirem contra seus próprios interesses imediatos, a fim de promover um suposto interesse geral. Essas medidas procuram resolver o que é supostamente um conflito de interesses, ou uma diferença de visão sobre os interesses, mas sem estabelecer uma estrutura para eliminar o conflito, nem persuadir as pessoas a terem interesses diferentes, e sim as forçando a agirem contra os próprios interesses. Substituem os valores dos participantes pelos valores dos estranhos; seja alguns dizendo aos outros o que é bom para eles, seja o governo tirando de alguns para beneficiar outros. Essas medidas são, portanto, contrariadas por uma das maiores e mais criativas forças conhecidas pelo homem: a tentativa de milhões de pessoas de promover os próprios interesses,

CONCLUSÃO

de viver suas vidas de acordo com seus valores. Essa é a principal razão pela qual tantas medidas tiveram o efeito oposto ao pretendido. Essa também é uma das forças mais poderosas de uma sociedade livre e explica por que a regulamentação governamental não consegue sufocá-la.

Os interesses a que me refiro não são simplesmente interesses egoístas e mesquinhos. Pelo contrário, incluem toda a gama de valores que as pessoas prezam e pelos quais estão dispostas a gastar fortunas e sacrificar suas vidas. Os alemães que perderam a vida se opondo a Adolph Hitler estavam buscando também favorecer os próprios interesses. O mesmo acontece com os homens e mulheres que dedicam grande empenho e tempo a atividades caritativas, educacionais e religiosas. Naturalmente, poucas pessoas os têm entre os principais interesses. É a virtude de uma sociedade livre que, apesar disso, permite o pleno alcance desses interesses e não os subordina àqueles materialistas e mesquinhos que dominam a maior parte da humanidade. É por isso que as sociedades capitalistas são menos materialistas do que as sociedades coletivistas.

Por que será que, em vista de todo o histórico, o ônus da prova ainda parece recair sobre nós, que nos opomos a novos programas de governo e que procuramos reduzir o papel já indevidamente grande do governo? Deixemos que Dicey responda: "O efeito benéfico da intervenção do Estado, sobretudo na forma de legislação, é direto, imediato e, podemos dizer, visível, enquanto seus efeitos nocivos são graduais e indiretos, são imperceptíveis. [...] A maioria das pessoas não tem em mente que os fiscais do Estado podem ser incompetentes, descuidados ou mesmo ocasionalmente corruptos [...]; poucos são os que percebem a verdade inegável de que a ajuda do Estado mata a autoajuda. Por consequência, a maioria da humanidade deve quase necessariamente considerar oportuna a intervenção do governo. Esse viés natural pode ser neutralizado apenas pela existência, em determinada sociedade, [...] de uma presunção ou predisposição a favor da liberdade individual, isto é, do *laissez-faire*. Portanto, o mero declínio da confiança na autoajuda — e é certo que esse declínio ocorreu — é, por si só, suficiente para explicar o crescimento da legislação com tendência ao socialismo."[1]

A preservação e a expansão da liberdade sofrem hoje ameaças vindas de duas direções. Uma é óbvia e clara: é a ameaça externa vinda dos homens maus do Kremlin, que prometem nos enterrar. A outra é muito mais sutil: é a ameaça interna vinda de pessoas de boas intenções e boa vontade que desejam nos reformar. Impacientes com a demora da persuasão e do exemplo para alcançar as grandes mudanças sociais que vislumbram, elas estão ansiosas para usar o poder do Estado para atingir seus objetivos e confiam em sua capacidade para fazê-lo. No entanto, se ganhassem o poder, não atingiriam seus objetivos imediatos e, além disso, produziriam um Estado coletivo do qual iriam recuar, horrorizadas, e estariam entre as primeiras vítimas. O poder concentrado não se torna inofensivo por meio das boas intenções daqueles que o criaram.

As duas ameaças, infelizmente, se reforçam. Mesmo se evitarmos um holocausto nuclear, a ameaça do Kremlin exige que dediquemos parte considerável de nossos recursos à nossa defesa militar. A importância do governo como comprador de grande parte de nossa produção e como único comprador da produção de muitas

---

1    DICEY, *op. cit.*, pp. 257-58.

empresas e indústrias já faz com que uma quantidade perigosa do poder econômico se concentre nas mãos das autoridades políticas, o ambiente no qual se dão as operações comerciais e os critérios relevantes para o sucesso empresarial se altere e, dessa e de outras formas, o livre mercado seja posto em risco. Esse perigo, não podemos evitar. Mas nós o intensificamos desnecessariamente ao dar continuidade à intervenção generalizada do governo em áreas não relacionadas com a defesa militar do país e lançando sempre novos programas, de assistência médica para idosos até a exploração lunar.

Como certa vez disse Adam Smith: "Há muita ruína em uma nação." Nossa estrutura básica de valores e a rede entrelaçada de instituições livres resistirão a muitas coisas. Acredito que seremos capazes de preservar e expandir a liberdade, apesar do tamanho dos programas militares e apesar dos poderes econômicos já concentrados em Washington. Mas só conseguiremos se acordarmos para a ameaça que enfrentamos, se persuadirmos nossos semelhantes de que as instituições livres oferecem um caminho mais seguro, embora às vezes mais lento, para os fins que eles almejam do que o poder coercitivo do Estado. Os lampejos de mudança, já aparentes no ambiente intelectual, são um augúrio de esperança.

# ÍNDICE

ações, 74, 99, 100, 178, 215, 259
Administração da Seguridade Social, 292
África do Sul, 92, 117
agricultura, 24, 42, 66, 86, 284, 308
Aldrich, Nelson W., 87
Alemanha Ocidental, 23. *Ver também* Alemanha Oriental; Alemanha
Alemanha Oriental, 23. *Ver também* Alemanha; Alemanha Ocidental
Alemanha, 23, 50-51, 63, 76, 248, 306. *Ver também* Alemanha Oriental; Alemanha Ocidental
Alexander, Henry, 118
algodão, 286
Amish, 49
análise keynesiana simples, 148
armadilha de liquidez, 148
armas de fogo, 235
Associação Médica Americana, 242-243, 247-248
atividade de caridade, 83, 222, 297

balanço de pagamentos, 114, 119, 121, 123, 125, 127-129, 134
banco central, 30, 90, 94, 106, 125
Banco da Inglaterra, 94
Banco dos Estados Unidos, 97, 101
barbeiros, 230, 231, 232, 239
Becker, Gary S., 187n1
Bentham, Jeremy, 51
Better Business Bureaus, 237
British Broadcasting Corporation (BBC), 63, 65
Bryan, William Jennings, 95

cadastramento, 234-236, 239-241
caminho da servidão, O (Hayek), 23, 29, 52
Canadá, 25, 130, 133
capitalismo, 7, 10, 21, 23, 29, 59-60, 265, 305;
  conquistas do, 267-268;
  como controle sobre o poder do Estado, 51;
  como motor de mobilidade social, 267-271;
  como termo, 7-8;
  competitivo, 17-19, 43, 50, 55, 67;
  e democracia, 185-186;
  e discriminação, 67, 185;
  e desigualdade, 267-271;

e liberdade econômica, 7, 43;
e liberdade política, 7, 29-30, 50, 55, 59-60;
e livre iniciativa, 267-271;
e livre mercado, 7, 10;
e propriedade privada, 51;
liberdade, em simbiose com, 29-30;
negros e, 185;
*vs.* Socialismo, 23, 59-60. *Ver também* livre mercado; iniciativa privada; cooperação voluntária; troca voluntária
cartéis, 209, 218
Castro, Fidel, 118
centralização, 41, 42, 266
certificação, 234, 237-241;
  privada, 237;
  voluntária, 237
Chicago, sistema de ensino público, 169
Churchill, Winston, 63
cidadania, 154, 155, 157, 172
Clemenceau, Georges, 107
códigos de construção, 210, 216
coerção, 55, 56, 57, 58, 59, 68, 69, 71, 75, 90, 191, 216, 263, 266, 275, 294
coletivismo, 24, 52, 84
comércio internacional e política monetária:
  balanço de pagamentos no, 114, 119, 121, 123, 125,127-129, 134;
  e corrida ao ouro, 119;
  interferência no, 114, 125
Comissão de Comércio Interestadual (CCI), 77, 86, 209
Comissão Federal de Comunicações, 86, 209, 309
Comissão Federal de Energia, 209
Comissão Ferroviária do Texas, 86, 210
Comissão Monetária Nacional, 96
competição, 64, 167, 184, 195, 200-201, 309. *Ver também* concorrência
comunismo, 28, 64, 65, 84, 18, 109, 230. *Ver também* Rússia; socialismo
concorrência, 77-78, 85, 77-78, 88, 161, 163-164, 168, 172-173, 186, 195, 203-205, 214, 219, 226, 271, 284, 291, 296. *Ver também* competição
conflito, 52, 70, 73, 133, 160, 178, 196, 198, 275, 304, 310

conformidade, 19, 58, 69, 70, 166, 169, 198, 235
Congresso, EUA, 11, 15, 74, 96, 116, 285, 290n1, 292
conluio, privado, 168, 212, 214, 216, 217
Conselho de Aeronáutica Civil, 209
Conselho de Educação Médica e Hospitais, 243, 245, 247-249
consenso, 40, 69, 71, 72, 85, 90
conservadorismo, 48
Constituição, EUA, 40, 71, 107, 108
Consumer's Research, 237
Consumer's Union, 237
conta-poupança, 121;
conversibilidade de, 97, 102, 103, 105
contrações, econômicas, 98, 99, 100. *Ver também* Grande Depressão
contratos, 41, 75, 85, 119, 179, 189-190, 195;
    e anuidades, 291;
    fraudulentos, 93;
    privados, 41, 117, 179;
    públicos, 117;
    voluntários, 99, 119;
controle de preços, 210
controles de câmbio, 114, 125-126
controles de salários, 86, 221
Cook, Paul W., Jr., 182n11
cooperação voluntária, 55, 79. *Ver também* troca voluntária
cotas de importação, 86, 125, 127, 138, 226
cotas de produção, 226
cotas:
    como acordos extralegais, 128;
    de importação, 86, 125, 127-128, 138, 210, 226, 286
crescimento econômico, 88-89, 100, 320
crise de liquidez, 101, 119

Declaração dos Direitos, 108, 233
defesa nacional, 69
déficit, 122-124, 129, 134, 139, 142
deflação, 96, 124
delinquência juvenil, 282-283, 308
Depressão. *Ver também* Grande Depressão
desemprego, 89, 124, 284;
    e estagnação secular, 139-140;
    na Grande Depressão, 246, 295;
desestatização das escolas, 162
desigualdade, 61, 184, 258, 266, 268-271, 278, 304, 307;
    de renda, 258-260, 273, 274
despesas:
    governamentais, 22-23, 116, 126-127, 129, 134-135, 141-144, 301, 301n1;
    escolares, 156, 161-162, 165, 172-173, 173n4, 182-183, 290n1;
    privadas, 140, 149, 151;
"Dez de Hollywood", 64, 65
Dicey, A. C., 52, 84, 302-303, 303n2, 311, 312n1

dinheiro, 7, 17, 65, 78, 146, 149-150, 165, 28-259;
    empréstimo de, 147-148;
    controle de, 91, 107, 113, 222;
    como meio de facilitar trocas, 56;
    empréstimo fixo em, 177, 178n9;
    e padrão-ouro, 92, 97;
    "ocioso", 148;
    e instabilidade, 97-98;
    e efeitos de vizinhança, 166;
    papel, 94, 116;
    público, 166;
    teoria quantitativa da moeda, 150;
    e escolarização, 165-166;
    e conter a especulação, 99;
    estoque de, 101-102, 104-106, 111-112, 147-150, 221-222
direitos autorais, 74, 211, 212, 238
direitos de propriedade, 19, 74-75, 85, 211, 257
direitos ribeirinhos, 74
discriminação, 9, 67, 187n1, 188;
    contra negros, 186;
    e livre mercado, 10;
    práticas justas de emprego para evitar a, 189
discurso da "Cruz de Ouro" (Bryan), 95
diversidade, 42, 58, 169, 173, 198, 256, 291
divisão do trabalho, 55, 56

economia autoritária, 114
economia de mercado, 7, 8, 16, 19, 20, 24, 25, 62, 66, 87, 114, 128, 129, 132, 180, 264, 310. *Ver também* livre mercado
educação:
    intervenção governamental na, 152-153, 162;
    subsídio para, 155-157, 172-173, 180, 290n1. *Ver também* escolarização
efeitos de vizinhança, 75-76, 79-82, 156, 165;
    certificação governamental como, 238;
    de medidas para reduzir a pobreza, 280;
    na educação, 153, 157-158, 171, 174
Egito, 267, 268
Eisenhower, Dwight D., 118
empresa privada, 147, 170, 213, 290. *Ver também* iniciativa privada
empresa. *Ver* iniciativa privada
empresas, 18, 56, 64, 65, 66, 73, 74, 77, 79, 81, 120, 125, 130, 159, 161, 170, 179, 195, 202, 204, 208-210, 213-214, 216-223, 227, 254, 259, 275, 284, 287, 290-291, 307, 312
empréstimo fixo em dinheiro, 177, 178n9
Engels, Friedrich, 61, 306
ensino técnico, 154, 157, 172, 174, 175, 175n6, 176, 178n9, 180-184. *Ver também* escolarização
escolarização:
    conformidade como resultado da, 166;
    desestatização da, 160-161;
    efeitos de vizinhança da, 156-159;
    estatização da, 163;
    financiamento estatal da, 165-166, 168;

segregação da, 197;
sistema de vouchers na, 18, 159, 169, 198n1, 199;
subsídios para, 157-161, 172-173, 290n1;
técnica. *Ver também* educação; ensino técnico
escolas mistas, 197
escolas paroquiais, 160-162. *Ver também* escolarização
especialização de função, 56
Estado assistencialista, 22, 27, 28, 84, 142
Estado beneficente, 293
estagnação secular, 139, 140
estatização:
da previdência social, 287, 290-293;
das escolas, 158-159, 171;
do ouro, 117-118
estrutura tributária, 89, 215, 278
Eucken, Walter, 76
evasão fiscal, 273, 277
"expressão justa", 193

faculdades, 157, 171, 172, 173, 174n5, 237, 245. *Ver também* educação
falências bancárias, 101, 103-104
ferrovias, 76-77, 86, 205, 209-210, 251, 307
filósofos radicais, 51, 52
fixação de preços, 73, 89, 129, 208, 214
fluxos de ouro, 121, 123, 124
formação profissional. *Ver também* ensino técnico
formação técnica. *Ver também* ensino técnico
França, 159, 160, 170, 268, 306
fraude, 219, 236, 252-254;
consumidor, 237
freios e contrapesos, 58
Friedman, Milton, 7, 11-26, 92n1, 111n3, 144n1, 151n2, 175n7, 182n11, 206n2
Fundo Monetário Internacional (FMI), 133

ganhos de capital, 215, 273, 275
Gellhorn, Walter, 227, 227n1, 228, -230, 230n4
Glass, Carter W., 92
Goldwater, Barry, 14, 30, 114
governo, 233, 313;
e anuidades, 293;
centralização do, 42, 43, 45-46, 59;
ceticismo do, 12-13;
como ameaça à liberdade, 51-52, 82-83, 88-91;
como monopolista por natureza, 202-204, 208-212, 215-218, 278;
crítica do, 10;
e bem-estar, 44, 297, 300;
e certificação, 236, 238;
e coerção, 191;
e credenciamento, 237;
e distribuição de renda, 272-273, 278;
e educação, 153, 156-163, 167-171, 197-199;

e efeitos de vizinhança, 81-82, 155, 238;
e licenciamento, 225;
e livre mercado, 309-310;
e pobreza, alívio do, 297, 300, 301n1;
e preço do ouro, 115-119, 122, 124;
e redistribuição de renda, 260, 287, 290-291;
e redistribuição, 287, 290-291 219, 221-22;
expansão do, 139;
funções adequadas do, 309-310, 312-313;
gastos do, 22-23, 139, 146;
inflado, 13, 18, 30, 278;
intervencionista, 85-87, 180-184, 213-313;
na educação, 173, 197-199;
papéis do, 22, 72, 75-76, 85-86, 89, 312;
paternalismo do, 83-84;
reduzido, 12-13, 25, 278;
representativo, 44-45;
setor privado como controle do, 40, 59
Grã-Bretanha, 23, 104, 124, 125, 137, 159, 214, 224, 268, 297, 303, 306
Grande Depressão, 8, 7-18, 88, 99, 106, 150, 246, 295, 307
Grécia, 50
Guerra Civil, 95, 97, 115, 185
Guffey Coal Act, sobre o carvão, 208
guildas, 224, 225

habitação. *Ver também* programas de habitação pública
Hayek, Friedrich, 23, 29, 34, 52
Hitler, Adolf, 63, 192, 248, 311
hospitais, 167n2, 243, 245, 247-249, 254, 301

Idade Média, 185
igualdade, 45, 120;
*vs.* Liberdade, 304;
de oportunidade *vs.* de resultados, 184, 274-275, 303;
de tratamento, 27-258, 272
imposto de renda negativo, 18, 299, 302
imposto de renda, 18, 182-183, 215, 218-219, 221, 223, 260, 273-276, 291, 299-300, 302, 307;
abordagem de taxa fixa, 273-276;
elevado, 219, 279
imposto sobre herança, 270, 272, 275
imposto único, 275-277, 277n2, 288
impostos corporativos, 215
individualismo, 52, 65
indústria automobilística, 205, 246
indústria carvoeira, 209 210
indústria de caminhões, 205
indústria do aço, 205
inflação, 30, 124, 127, 221-222, 307
Inglaterra. *Ver também* Grã-Bretanha
iniciativa privada, 41, 43-44, 55, 65, 80-81, 88, 106, 133, 213, 278, 282, 290. *Ver também* empresa privada
instabilidade. *Ver também* contrações econômicas

# ÍNDICE

integração de escolas, 30, 197-199
integração racial, 174n5
investimento de capital, 125
isenções, 276
Itália, 50

J. P. Morgan and Company, 118
Japão, 50, 128, 13
Johnson, Harry G., 182n11
Judeus, 8, 67, 185

Kennedy, John F., 8, 11, 30, 39, 126, 221
King, Frank, 64

laissez-faire, 44, 51, 297, 312
Lees, D. S., 167n2
legislação sobre práticas justas de emprego, 189-190
Lei da Reserva Federal, 96, 105
Lei do Sistema Bancário Nacional, 97
leis antitruste de Sherman, 208, 249, 309
leis antitruste, 76, 196, 216, 216-218, 249, 309. *Ver também* leis antitruste de Sherman
leis de comércio justo, 49
leis do direito ao trabalho, 194
leis dos cereais, 137
leis sobre salário mínimo, 86, 283-284, 299, 301
Lenin, V. I., 91
Lewis, John L., 208
liberalismo:
  de Bentham, 54;
  clássico, 13, 45;
  "expressão justa", 193;
  capitalismo como, 48;
  como condição para liberdade política, 43, 48, 50-52, 107;
  como termo, 44-45;
  conservadorismo, rotulado como, 46;
  diferentes significados do, 44-46;
  efeito da política monetária internacional sobre, 113;
  liberdade de expressão, 41, 71, 86, 108-109, 193;
  liberdade econômica, 7-8, 19-20, 24-26, 49;
  na liberdade individual, 44, 47;
  na política econômica, 44-45;
  no paternalismo governamental, 13;
  sentido original do, 13, 46. *Ver também* liberdade; liberdade política
liberdade política: 8, 12, 19, 24-26, 43, 47-53, 58-59, 107;
  e macarthismo, 65;
  e patrono, papel da, 61;
  e socialismo, 59. *Ver também* liberdade econômica; liberdade
liberdade, 159, 179, 197, 262, 295, 305, 306, 309;
  absoluta, como impossível, 73;

cívica, 19, 25-26;
civil, 24-26, 44, 49, 257;
coerção e, 58, 65;
como ameaçada, 309;
contratos de trabalho e, 190-192;
de competição, 185;
de troca, 76;
e igualdade, 304;
e integração, 197;
e troca voluntária, 214;
educacional, 160-161, 171;
individual, 49-51, 57, 73, 82-83, 90, 155, 189, 202, 214, 224, 231-232, 275, 291, 294, 303-304;
lista negra de Hollywood, como destruidora da, 65;
para loucos, 82-83;
preservação da, 58, 309;
propriedade e, 73;
recrutamento e, 87;
religiosa, 48;
*vs.* bem-estar material, 47. *Ver também* liberdade econômica; liberdade política
livre comércio, 44, 127, 129, 134, 137, 214
livre mercado, 7, 10, 15, 43, 50, 55, 57, 63, 66-67, 125, 130, 167n2, 186, 187, 193-194, 200, 313;
  como minimizador da desigualdade, 267-269, 297-303;
  e balanço de pagamentos, 129;
  e igualdade social, 257-259;
  e intervenção governamental, 75-87, 89, 90-91;
  e liberdade política, 47-52, 63-67;
  e taxas de câmbio, 129, 133;
  ética da distribuição no, 257;
  natureza antidiscriminatória do, 66-67, 185-187, 256;
  natureza impessoal do, 50, 66-67, 200
  oponentes do, 45, 67, 186-187, 305
  papel do pagamento no, 264-267. *Ver também* economia de mercado

macarthismo, 65
manifesto comunista, O (Marx e Engels), 306
Marx, Karl, 265-266, 306
marxista, 265-266
medidas assistenciais, 300
Meiselman, David, 151n2
Mill, John Stuart, 269, 269n1
minorias, 10, 192, 310
Mises, Ludwig von, 52
Mitchell, Wesley, 232n7
moeda estrangeira, 74, 114, 120-122
moeda:
  como padrão de commodity, 91-92;
  desvalorização da, 124;
  e padrão-ouro, 116-117;
  estoque de, 123-124;
  fluxo monetário, 20;

inconversibilidade de, 114;
reservas estrangeiras de, 122. *Ver também* conta-poupança; dinheiro
monopólio empresarial, 202-203, 206-207, 208
monopólio nas empresas, 202. *Ver também* monopólio
monopólio privado. *Ver também* monopólio
monopólio público. *Ver também* monopólio
monopólio, 240-241, 278, 292, 304;
    assistência governamental para o, 212-216;
    conluio privado como fonte de, 212, 216;
    da mão de obra, 202, 205-208, 218;
    e competição, 200, 203-204;
    e empresas, 206-208, 218;
    e responsabilidade social, 200;
    em rodovias, 77;
    na indústria de caminhões, 77;
    na profissão médica, 22-254, 269;
    privado, 75-79, 163, 212-213;
    público, 75-78;
    resposta governamental para o, 208-211, 218;
    sindicatos como uma forma de, 195-196;
    técnico, 78-80, 87, 163-164, 171-172, 180-181, 212-213, 238
Morgan Guaranty Trust Company, 118

negros, 66-67, 162, 185-190, 193-194, 197, 199
New Deal, 88, 139, 207
norma para o nível de preços, 110
Nuremberg, leis de, 192
Nutter, G. Warren, 203, 203n1

ordem de "controle de contratos", 52
Ordem dos Advogados dos Estados Unidos, 245
ouro, 91-92, 94-95, 104, 114-119, 121, 123-124, 127, 132-133

padrão Cadillac, 247
padrão de commodity, 91, 92
padrão-ouro, 90, 92-97, 104-5, 107, 117, 123, 128, 130;
    automático *vs.* Pseudo, 92-97, 107, 117, 130;
    ajuste do balanço de pagamento no, 123
parques, 18, 80-81, 87
patentes, 74, 211-218, 238
paternalismo, 13, 45, 82-84, 154, 281, 293
permissão para o exercício da profissão, 86, 210, 216, 227, 30, 230n4, 234, 238;
    argumentos paternalísticos que justificam, 239-24;
    como regulamento da guilda, 228-230 167-68;
    controle, níveis de, 234-235;
    da profissão médica, 225, 242-246, 248-249, 252-254;
    e monopolização, 240;
    ocupacional, 227-228, 240;
    grupo profissional, 227

pessoa jurídica, 218, 222
petróleo, 86, 127, 209-210, 226, 274-275
planejamento econômico, 52
pobreza:
    alívio da, 283, 297-298, 300, 302-304;
    efeito das leis sobre salário mínimo na, 283
poder:
    coercivo, 59, 313;
    concentração de, 40, 50, 58-59, 90-91;
    econômico, 59, 137, 313;
    freio e contrapeso no, 59;
    político, 13, 59-60, 137, 266
política fiscal, 89-90, 139, 143-144, 147, 152, 233
política monetária, 10, 89;
    doméstica, 90;
    do Sistema da Reserva Federal, 89;
    e sociedade livre, 112;
    *vs.* política fiscal, 143, 147, 233
previdência social, 16, 49, 86, 170, 279, 286, 289, 292-294, 308
Primeira emenda, 107, 168
Primeira Guerra Mundial, 95, 96, 98, 207, 215, 307
produção de energia elétrica, 209
professores, 9, 12, 14, 34, 164-165, 167-168
profissão médica, 251;
    permissão para o exercício da, 242, 248. *Ver também* Associação Médica Americana
programas de ajuda externa, 308
programas de habitação pública, 18, 87, 279, 284, 301, 301n1;
    paternalismo dos, 281, 293;
    resultados não pretendidos dos, 280-284
programas de subsídios, 87
proletários, 306
propriedade privada, 51, 118, 186, 260
puritanos, 185

Quakers, 185
Quinta Emenda, 64, 66

recessões, 99-100, 141-142
recrutamento, 15, 31, 87.
regra da maioria, 71
renda, 42, 49, 60-61, 106, 119-122, 145, 146, 150, 156, 163, 175, 178n9, 179-180, 184, 215, 246, 260, 274, 284-285, 293, 296, 300-302;
    distribuição de, 257-258, 266, 268, 270-272, 277-278, 307;
    desigualdade de, 259;
    igualdade de, 257;
    nacional, 22-23, 142-144, 301n1;
    por imposto sobre herança, 272-273, 275;
    redistribuição de, 180, 260, 276-278, 287
representação proporcional, 8, 69, 166
Reserva Federal, 17, 89, 96-100, 102-105, 111, 132, 209
responsabilidade social, 201, 202, 219-222

ÍNDICE 319

roda de equilíbrio, 140-143;
    política fiscal, 89-90, 143-144, 147, 152, 233
rodovias, 79
Roosevelt, Franklin Delano, 117
royalties, 16, 74
Rússia, 30, 47-48, 50-51, 117, 268, 30-306

salários, 119, 195, 206-207, 221, 283;
    altos, 134-135;
    baixos, 134-135
    salários, professor, 164-165, 167
Schacht, Hjalmar, 114
Schumpeter, Joseph, 44n1
Schwartz, Anna J., 18, 99n2
segregação, 194, 199;
    na escolarização, 197, 199
Segunda Guerra Mundial, 8, 15, 24, 25, 48, 52, 60, 63, 86, 159, 173, 207, 216
Segundo Banco dos Estados Unidos, 97
seguro para a velhice e para o sobrevivente (OASI), 287-289, 295-296
Serviço Nacional de Saúde (Reino Unido), 167n2
Simons, Henry, 76, 82
Sindicato dos Mineiros, 208
Sindicato Teamsters, 208
sindicatos, 196, 308;
    apoio do governo aos, 194-196, 225-227;
    Associação Médica Americana (AMA) como, 242-243, 247-248;
    como forma de monopólio, 207, 216;
    efeito sobre os, 205-206;
    imunidades especiais para, 185, 205
sistema bancário, 18, 87, 98, 101-104
sistema de água, 212
sistema de castas, 225, 226
sistema de ensino público,169. Ver também escolarização
sistema de escolas particulares, 169
sistema de telefonia, 212
sistema de vouchers, escola, 18, 159, 169, 198, 198n2
Smith, Adam, 29, 216, 219, 313
socialismo democrático, 47
socialismo, 23-24, 28-30, 47, 59, 138, 312;
    democrático, 51;
    totalitário, 51
    vs. Capitalismo, 23, 59;
    vs. Liberdade, 63;
sociedade livre, 11, 24, 39, 48, 53-54, 59, 65, 72, 75, 91, 94, 112, 127, 198, 304, 311-312;
    e cidadania, 154;
    e interesse próprio, 311;
    e responsabilidade social, 200, 219-220;
    monopólio como ameaça à, 200, 209;
    organização econômica na, 47, 53, 94, 112;
    papel básico do governo na, 68, 70, 72;
    sendo minada, 220. Ver também liberalismo
status quo, 31, 65, 129-130, 254, 286

Stigler, George J., 10, 34, 172n3, 203, 203n1
subsídio ao agronegócio. Ver também agricultura
Suécia, 178n9
Sul (EUA), 185, 192, 284
sustentação de preços, 31, 284-285, 299

tabelamento de aluguéis, 10, 86
tarifas, 89, 125, 128, 134, 137-138, 187, 187n1, 214, 226, 233, 278, 299, 301;
    como impessoal, 134;
    como promotora do monopólio, 214;
    e indústrias domésticas, proteção das, 214;
    restrições não tarifárias, 138. Ver também imposto
taxa de câmbio de flutuação. Ver também taxa de câmbio
taxa de câmbio, 124-125,127,131,133-135;
    experimentos canadenses com, 125, 133;
    fixa, 135;
    flutuante vs. indexada, 18, 125, 130-131, 133
taxa de desconto, 104
taxas de juros, 86, 104, 148-150, 178, 178n9, 180
táxis, 210, 227, 236
totalitarismo, 51
trabalho, crítica marxista do, 265-266
tributação, 144, 166-167, 220, 234;
    e cadastro, 236;
    efeito da incidência da, 273;
    expansão da, 303;
    funções da, 220;
    herança, 272-273;
    individual, 170;
    progressiva, 260, 272-273, 274-275;
    reforma da legislação tributária, 218-219
trigo, 49, 66, 116, 117, 132, 186, 200
troca voluntária, 75-76, 81-82, 153-154, 201, 214, 264. Ver também cooperação voluntária

U.S. Steel, 221
unanimidade, 68-71, 73, 158, 171
União Americana pelas Liberdades Civis, 193
universidades, 158, 171, 222;
    privadas, 172-173, 174n5;
    públicas, 18, 158;
    subsidiadas, 161;
    técnicas, 237. Ver também educação

Virgínia, escolarização na, 174n, 198-199, 229

|  |  |
|---|---|
| *1ª edição* | MARÇO DE 2023 |
| *impressão* | CROMOSETE |
| *papel de miolo* | PÓLEN NATURAL 70G/M² |
| *papel de capa* | CARTÃO SUPREMO ALTA ALVURA 250G/M² |
| *tipografia* | FREIGHT TEXT |